DraftSight™

電腦輔助繪圖培訓教材

許中原 著

博碩文化

SolidWizard
實威國際

作　　者：許中原
責任編輯：Cathy

董 事 長：陳來勝
總 編 輯：陳錦輝

出　　版：博碩文化股份有限公司
地　　址：221 新北市汐止區新台五路一段 112 號 10 樓 A 棟
　　　　　電話 (02) 2696-2869　傳真 (02) 2696-2867

發　　行：博碩文化股份有限公司
郵撥帳號：17484299　戶名：博碩文化股份有限公司
博碩網站：http://www.drmaster.com.tw
讀者服務信箱：dr26962869@gmail.com
訂購服務專線：(02) 2696-2869 分機 238、519
（週一至週五 09:30 ～ 12:00；13:30 ～ 17:00）

版　　次：2022 年 5 月初版

建議零售價：新台幣 450 元
I S B N：978-626-333-108-2
律師顧問：鳴權法律事務所 陳曉鳴律師

本書如有破損或裝訂錯誤，請寄回本公司更換

國家圖書館出版品預行編目資料

DraftSight 電腦輔助繪圖培訓教材 / 許中原作 .
-- 初版 . -- 新北市：博碩文化股份有限公司，
2022.05

　　面；　公分

ISBN 978-626-333-108-2(平裝)

1.CST: 電腦輔助設計 2.CST: 電腦繪圖

440.029　　　　　　　　　111006684

Printed in Taiwan

歡迎團體訂購，另有優惠，請洽服務專線
博 碩 粉 絲 團　(02) 2696-2869 分機 238、519

序

DraftSight 於 2010 年始創於 Dassault Systemes' 公司廣大用戶對於 2D CAD 產品高度的需求,也因為這個工具可以完備客戶在設計上的基本需求,至今有許多的公司,包含 SOLIDWORKS 的客戶群,都會將 DraftSight 用於產生、編輯、檢視、與交換 DWG/DFX 格式的 2D 圖面,尤其是在維護或轉換舊有圖面的工作上,可充分發揮 2D 圖面的分享、交換、註記與列印的高效能作業。

DraftSight 是一個專業等級的 2D 設計與製圖工具,除了產品設計之外,還可以提供給土木、化工、建築、工程營建等不同產業的專業 CAD 人員使用。對於設計師、教學者、學生、以及繪圖愛好者來說,使用 DraftSight 是一個穩定和可信賴的設計經驗。Dassault Systemes' 3DEXPERIENCE 公司基於超過一千萬次的下載記錄,更加強化了 DraftSight 在產生、編輯、檢視和註記任何形式 2D 工程圖的各項功能,同時具備了親和力極強的使用介面,搭配靈活的銷售策略,可以快速運用在嘗試進行 CAD 系統轉換的使用者工作上。以一個轉型 3D 設計的用戶立場,能降低維護 2D 舊資料的成本,又能保有 2D 繪圖的價值,DraftSight 無疑是所有想進行工作無痛轉換的最佳 2D 工具選擇。

我們期望 DraftSight 這項 2D 繪圖產品能給所有的繪圖者另一個全新的選擇,如果您使用過傳統的 2D 繪圖工具,DraftSight 應該會讓您很驚艷,透過這本重新編修過的 DraftSight 學習手冊,學習 DraftSight 也將變得更熟悉與親切,作者許中原老師依據豐富的 2D 製圖教學經驗,將 DraftSight 的介面、功能與入門步驟,透過範例的說明與應用,將可讓您的學習產生事半功倍的效果。此項教學成果也已經展現在本公司既有的廣大客戶身上,因此推薦各位使用此教材,作為您一窺 DraftSight 殿堂的工具書。謝謝!

實威國際股份有限公司
總經理 許泰源

01 使用者介面

02 座標與抓取

03 圖面、修剪與偏移

04 抓取追蹤與畫圓

05 線條樣式與複製排列

06 多邊形、複製與移動

07 鏡射與修改

08 文字與修改

09 表格與曲線

10 圖層與剖面線

11 尺寸標註

12 尺寸

13 螺紋與查詢

14　等角平面構圖

15　聚合線與圖塊

16 參考、圖頁與列印

17 TOOLBOX

01

使用者介面

 順利完成本章課程後,您將學會:

- **DraftSight**繪圖視窗介紹
- 開啟新檔
- 開啟舊檔
- 儲存檔案
- 滑鼠按鍵定義
- 關閉檔案與離開**DraftSight**
- 控制畫面練習
- 指令執行、重複與取消
- 直線
- 正交
- 便利顯示工具列
- 刪除
- 選擇圖元方式

1.1 DraftSight 繪圖視窗介紹

選擇**工作空間：Drafting and Annotation**，本書說明皆以此介面為主，Classic（傳統使用者介面）為輔。

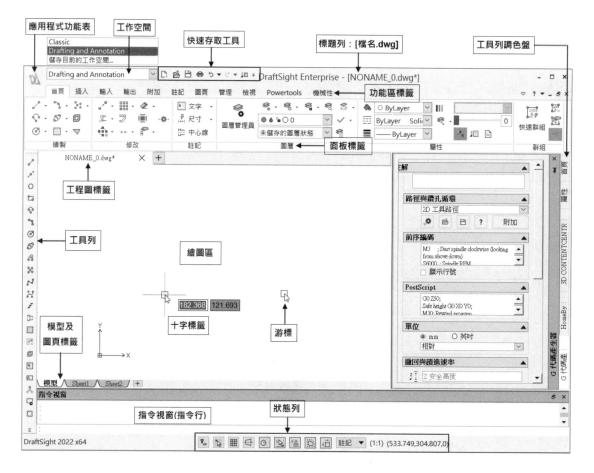

提示 功能區面板色彩預設為**輕體**，即白色功能區，您也可以從**選項(OP)**→**系統選項**→**顯示**標籤中，變更使用者介面樣式為**暗**，為清楚檢視，本書畫面皆使用**輕體**。

技巧

您可以在**指令視窗**按滑鼠右鍵，從捷徑功能表中選擇**選項**；或輸入 OP 指令按 Enter 進入**選項**視窗。

1.1.1　視窗標題列

　　標題列內含 DraftSight 版本名稱，與未儲存的**檔案名稱（NONAME_#）**或已儲存**檔案名稱**及**副檔名 dwg**。有時在檔案總管中，因為已有檔案類型縮圖，所以常將副檔名隱藏，這時若要顯示副檔名，則需從**檔案總管**功能表中的**檔案→變更資料夾和搜尋選項→檢視**標籤，取消勾選**隱藏已知檔案類型的副檔名**。

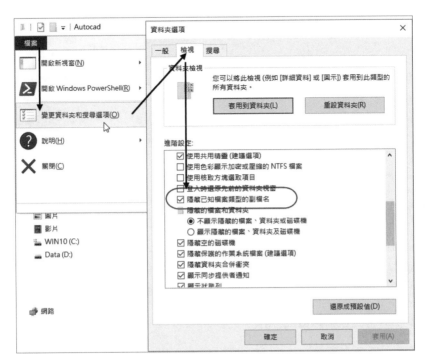

1.1.2　快速存取工具列

　　工具列內的標準按鍵有新增、開啟、儲存、列印等快速工具，點選 ▼顯示下拉式選單，即可勾選想要顯示的項目。

1.1.3　應用程式按鈕功能表

按一下**應用程式按鈕**  彈出應用程式功能表
選項視窗，功能表內含 DraftSight 部分指令。當功
能表選項中出現向右的箭頭時 ▶ ，表示在這個選
項中，尚有次選單，如右圖。

1.1.4　功能區與面板

功能區上面依工作標示不同的**標籤**，以組織應用程式功能類別，如**首頁、插入**等，預
設顯示為**首頁**，每個功能區標籤依工作組織成不同標籤的**面板**，面板為有標示且極為相關
的一組指令，而且都與一個類型的活動相關，如**繪製、修改**等。

例如：按一下功能區標籤**註記**以顯示面板工具按鍵。

⬡　子選單

DraftSight 會將相似的工具內縮至某一工具選單中，您可以按一下工
具右邊的向下小按鈕，以展開該工具下的子選單。

1.1.5 工程圖標籤

當您啟動 DraftSight 後，除了標題列會顯示目前所編輯的檔案名稱外，也會顯示在工程圖標籤上，預設第 1 個新檔為「**NONAME _0.dwg**」，按  可以直接新增檔案。若您開啟多個檔案，只要選擇檔名標籤即可切換檔案。

若您不需要顯示工程圖標籤，可以按**管理→自訂→選項 (OP)→系統選項→顯示→工程圖標籤**，取消勾選**顯示工程圖標籤**即可。

當您移動游標至工程圖標籤時，系統會依**顯示設定**中的選項，預覽圖形或只檢視列表。

1.1.6 工具列調色盤

在功能表列或是固定的工具列上按滑鼠右鍵可以顯示捷徑功能表，從功能表中您可以選擇要顯示在視窗右側欄上的調色盤，您可以在調色盤中管理工程圖圖元、屬性和資源。

要自動顯示或隱藏調色盤，您可以按一下自動隱藏按鈕 ，或在按鈕上面按滑鼠右鍵，再選擇或取消選擇**全部自動隱藏**。調色盤被隱藏時，您還是看得到標題列和調色盤標籤。

若要關閉調色盤，按一下調色盤標題列的**關閉** ☒ 。

系統提供下列調色盤：

- **屬性調色盤**：可讓您檢視和變更工程圖圖元的屬性。
- **參考調色盤**：列出並管理工程圖中參考的工程圖和影像。
- **光源調色盤**：可列出並管理插入至工程圖的光源，使工程圖產生逼真的呈現。
- **工具矩陣調色盤**：可讓您在同一個面板中整理和排列工具列。
- **Home 選單**：包含線上和 Web 教學課程和網路研討會、社群資源和支援，以及最新 CAD 新聞的集中連結。

1.1.7 狀態列

在視窗的最下一行為**狀態列**，顯示的項目如下圖所示，有 Toolbox 圖層（Professional、Premium、Enterprise 和 EnterprisePlus 版本）、抓取（抓取網格）、網格（網格顯示）、正交（正交模式）、極性（極性導引）、圖元抓取、圖元追蹤、尺寸邊界方塊、QInput（快速輸入）與座標顯示等工具，各個功能都有一個相對的按鈕，按鈕高亮度顯示時為啟用狀態，灰色為不啟用狀態。**初學者使用時，應全部調為灰色不啟用狀態。**

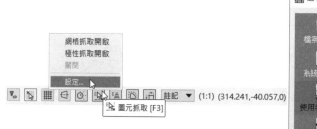

當游標移至按鈕圖示時，系統會顯示其功能，按一下滑鼠右鍵可以指定設定，也可以按**管理→自訂→選項 (OP)→使用者偏好→草稿選項**中設定。

> 提示　只有 QInput（快速輸入）⬚ 開啟時，才能在圖面輸入指令，或繪圖時輸入距離與角度。

1.1.8　指令視窗與別名指令

　　指令視窗平常位於視窗下方，您也可以按**F2**鍵，在個別視窗中顯示或隱藏指令歷程記錄，讓您能夠檢視在指令視窗中輸入的指令記錄，以讀取或重新建構您的工作步驟，包括所有鍵盤輸入。

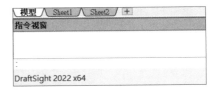

　　指令視窗文字與輸入指令時的建議，可以從**管理→自訂→選項 (OP)→系統選項→顯示**內設定，例如：當您按L鍵，系統會在游標處自動顯示建議的清單，再以游標點選指令執行，也可以按**Enter**或**空白鍵**執行第一個建議指令。有些指令具有縮寫的名稱，稱為**別名指令**，例如輸入LINE或是L都可以啟動LINE指令、C為CIRCLE、A為ARC。

> **提示** 所有設定指令別名的指令，皆定義在 alias.xml 檔案中，您可以從**選項→使用者偏好→別名**中新增或刪除。

（選項 - 使用者偏好 對話框）

1.1.9 繪圖區

繪圖區是提供繪製圖形的區域，內含十字游標、座標圖示、捲軸列、模型與圖頁標籤等功能，預設下**顯示捲軸列**是未勾選的。

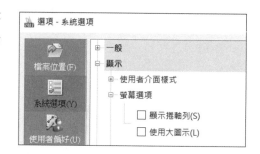

1.1.10 工具列

如圖示，**DraftSight** 提供了相當多的工具列以方便使用者啟用指令，如**標準**、**繪製**與**圖層**等工具列，您可以將工具列固定在功能區下方、狀態列上方，或是繪圖區的左右邊界。

◆ 顯示工具列

在功能區或是固定的工具列上
按滑鼠右鍵，從捷徑功能表中點選
工具列，再從對話方塊中選擇要顯
示的工具列，再按**確定**。

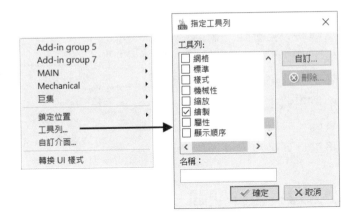

◆ 浮動與固定

在功能表列或是固定的工具列上按滑鼠右鍵，從捷徑功能表中點選**鎖定位置**，再點選
浮動工具列或**固定工具列**。

◆ 移動

您可以拖曳工具列之左邊的直槓移動至新位置，或直接拖曳至視窗的上下左右，系統
出現藍色區域上放置。

◆ 關閉

關閉某工具列，在工具列按 × 按鈕，或上按滑鼠右鍵，取消勾選已選的工具列名稱
即可。

1.1.11　工具矩陣

工具矩陣是一個使用者介面元素，其運作方式與其他調色盤類似，在功能區或是固定
的工具列上按滑鼠右鍵，從捷徑功能表中點選工具矩陣（或鍵入 ToolMatrix）即會開啟。

　　工具矩陣的作用是集合一系列的工具列，第一次開啟工具矩陣時，它會是一個空白的面板，只要將工具列拖曳至工具矩陣上，就可以直接在工具矩陣中使用此工具列。而要移除工具列，只要按住工具列標題，將工具列拖曳至圖面中即可。

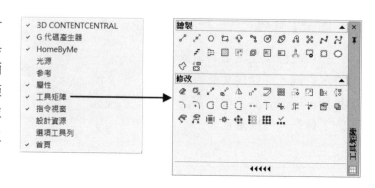

1.1.12　工作空間

　　在 **DraftSight** 中，系統使用工作空間概念來做為繪圖環境設定，當您在處理專案的不同階段時，某些工具的使用頻率可能會比其他工具高。針對這類情況，您可以將常用的工具列和選單在工作空間中建立群組，以便在執行類似的工作時可以隨時使用。

　　如圖，系統提供幾個工作空間：Drafting and Annotation（草稿與註記）、Classic（傳統）與 3D 建模（Premium & Enterprise Plus 版本）。

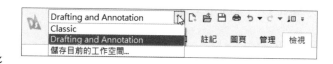

　　每個工作空間都有自己的一組工具列和選單，以及一組指定工具，Drafting and Annotation 工作空間如第 1 頁所示，下圖為 Classic 工作空間：

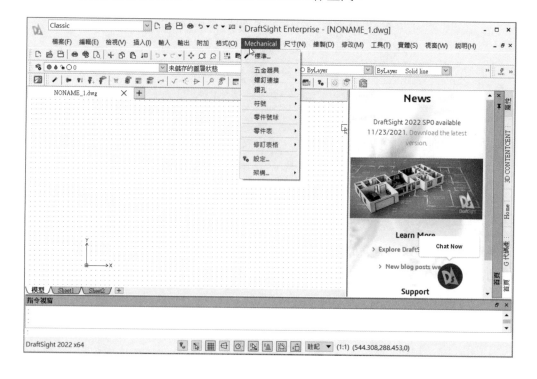

　　當您為工作的環境建立好自己的工具列和選單時，你可以點選**儲存目前的工作空間**。

1.1.13　選項

　　開啟**選項**可以在指令行中輸入 **OP** 後按 Enter；或按 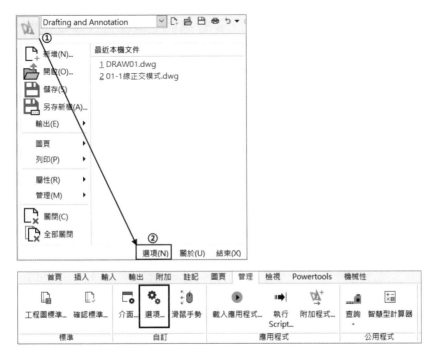→**選項**；或按功能區：**管理→自訂→選項**。

選項內含**檔案位置、系統選項、使用者偏好、工程圖設定、草稿樣式**與**設定檔**等項目。

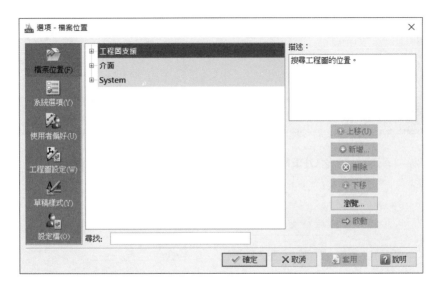

1.2 開啟新檔

按**新增** 、或輸入指令 **NEW**，系統會開啟**指定範本**的對話
方塊，範本內已內建各種製圖標準所需的工程圖格式。

圖面範本檔的副檔名為 .dwt，依預設，圖面範本檔儲存在「C:\Users\使用者名稱\
AppData \Roaming\DraftSight\版本編號\Template」資料夾中。

其中範本檔 standardansi.dwt 為英制，單位**英吋**，預設工程圖邊界大小為 12×9；
standardiso.dwt 為公制，單位**公釐**，預設工程圖邊界大小為 420×297。本書皆以選擇
standardiso.dwt 為範本檔。

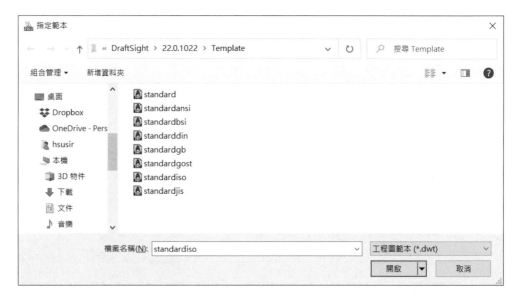

您也可以按**開啟**按鈕右方的向下箭頭 ▼ 選擇不帶有範本的新
工程圖檔。

1.3 開啟舊檔

按**開啟** ；或輸入指令 **OPEN**，預設的檔案類型為**工程圖（*.dwg）**。

1.4　儲存檔案

按**儲存** 🖫 ；或輸入指令 **SAVE**，預設存檔類型為工程圖（.dwg），第一次儲存時會出現**另存新檔**的對話方塊，第二次以後就直接儲存。

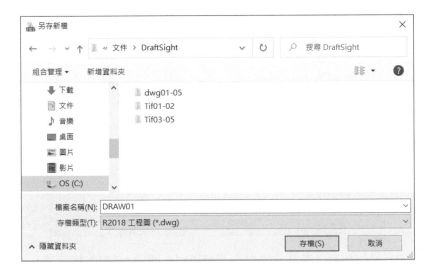

儲存後會在標題列以及工程圖標籤上顯示檔案名稱。

按 🖽 再按**另存新檔**，您也可以另存為其他名稱的檔案及檔案類型，像是DXF(*.dxf)或DWF(*.dwf)等，也可以儲存為較舊的版本，以方便舊版開啟新版儲存的檔案。

```
R2018 工程圖 (*.dwg)
R2013 工程圖 (*.dwg)
R2010 工程圖 (*.dwg)
R2007-2009 工程圖 (*.dwg)
R2004-2006 工程圖 (*.dwg)
R2000-2002 工程圖 (*.dwg)
R14 工程圖 (*.dwg)
R13 工程圖 (*.dwg)
R12 工程圖 (*.dwg)
R2018 ASCII 工程圖 (*.dxf)
R2013 ASCII 工程圖 (*.dxf)
R2010 ASCII 工程圖 (*.dxf)
R2007-2009 ASCII 工程圖 (*.dxf)
R2004-2006 ASCII 工程圖 (*.dxf)
R2000-2002 ASCII 工程圖 (*.dxf)
R14 ASCII 工程圖 (*.dxf)
R13 ASCII 工程圖 (*.dxf)
R12 ASCII 工程圖 (*.dxf)
R2018 Binary 工程圖 (*.dxf)
R2013 Binary 工程圖 (*.dxf)
R2010 Binary 工程圖 (*.dxf)
R2007-2009 Binary 工程圖 (*.dxf)
R2004-2006 Binary 工程圖 (*.dxf)
R2000-2002 Binary 工程圖 (*.dxf)
R14 Binary 工程圖 (*.dxf)
R13 Binary 工程圖 (*.dxf)
R12 Binary 工程圖 (*.dxf)
Design Web Format (*.dwf)
工程圖標準 (*.dws)
工程圖範本 (*.dwt)
R2018 工程圖 (*.dwg)
```

其中預設的存檔類型可以從**選項(OP)→系統選項→開啟/另存新檔**中選定。

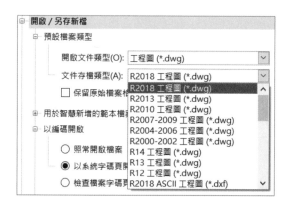

　　同樣的，在**自動儲存與備份**選項中，勾選**啟用自動儲存**時，您可以從**自動儲存檔案位置資料夾**中按**瀏覽**即可尋得，避免因斷電、當機或其他意外事件時而遺失所繪的圖檔。

　　而每次儲存時儲存的備份檔副檔名皆為 **BAK**，回復時，只要將副檔名BAK改為DWG即可。

1.5　滑鼠按鍵定義

- **左鍵**：窗選、框選、選擇圖元與點選位置（定位）。

- **中鍵（滾輪）**：(a)前後捲動滾輪可縮放圖面大小；(b)快按兩下為**縮放（ZOOM）→擬合**；(c)按住滾輪移動為**平移**指令。當變數MBUTTONPAN=0時，中鍵為抓取功能表，MBUTTONPAN=1時，中鍵為**平移**指令。只要在指令行輸入MBUTTONPAN按Enter後輸入0或1即可。

- **右鍵**：在**選項(OP)→使用者偏好→滑鼠選項**內，勾選**快速按一下右鍵時啟用Enter**，此時慢按滑鼠右鍵，預設模式會顯示捷徑功能表。若快按滑鼠右鍵，則滑鼠右鍵會被設定為**Enter**，平時滑鼠右鍵可以用作(a)**Enter**、(b)**結束選擇圖元**、(c)**跳到下一步驟**、(d)**重複上一指令**與(e)**中斷指令**（與按Esc相同）。

- **Shift+滑鼠右鍵、Ctrl+滑鼠右鍵**：顯示**圖元抓取捷徑功能表**（參閱2.4節）。

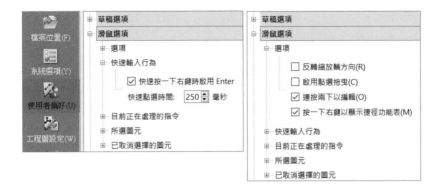

提示 依預設,變數 PICKAUTO 數值為 1,按滑鼠左鍵可隨時框選或窗選圖元,若變數值為 0,則無窗選或框選功能,只能單選圖元。

- 在不同模式下,按滑鼠右鍵時,捷徑功能表的顯示項目亦不相同,如下圖:

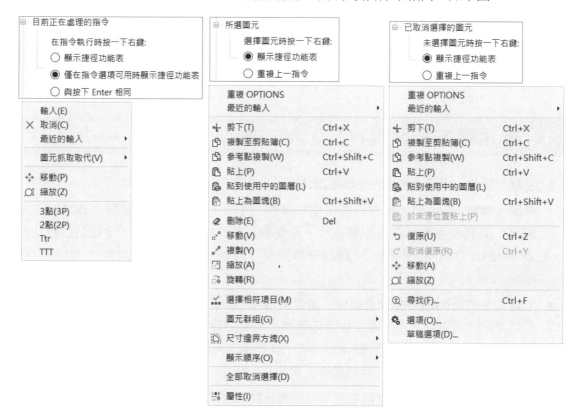

1.6　關閉檔案與離開 DraftSight

- **關閉檔案**:按 📖 → 📄關閉(目前的工程圖)或 📄全部關閉(全部工程圖);或輸入指令 **CLOSE** 或 **CLOSEALL**,若圖面已修改過會提示儲存變更;或按工程圖標籤右上角的 ✕ 符號。

- **離開 DraftSight**:按 📖 → 選擇右下角的**結束**;或輸入指令 **QUIT**,若圖面已修改過會提示儲存變更;或按 DraftSight 視窗右上角的 ✕ 符號。

1.7 控制畫面練習

STEP 1 按快速存取工具列上的**新增** 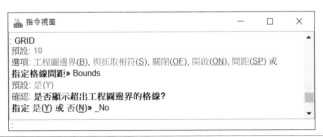，選擇範本 standardiso.dwt，預設工程圖邊界大小為 420×297(A3)，單位公制 mm。

STEP 2 輸入指令 ZOOM，再輸入 B 按 [Enter]，使繪圖區顯示**工程圖邊界** 420×297。
（快點滑鼠中鍵或滾輪兩下、或按功能表**檢視→縮放→邊界**、或功能區**檢視→縮放→縮放邊界**。）

STEP 3 按視窗下方狀態列中的**網格**，使亮度顯示，這時格點網格會顯示於繪圖區中。

STEP 4 捲動滑鼠滾輪，試著放大 / 縮小調整圖面的顯示。

STEP 5 按住滑鼠中鍵或滾輪（預設為**平移**指令），試著移動圖面。

提示 依預設，格點會顯示於全部繪圖區中，您可以輸入 **GRID** 指令，將**工程圖邊界 (B)** 的是否顯示超出工程圖邊界的格線？指定為**否 (N)**，則格點只會顯示在工程圖範圍中。

> **指令視窗** — □ ×
>
> : GRID
> 預設: 10
> 選項: 工程圖邊界(<u>B</u>), 與抓取相符(<u>S</u>), 關閉(<u>OF</u>), 開啟(<u>ON</u>), 間距(<u>SP</u>) 或
> **指定格線間距»** Bounds
> 預設: 是(<u>Y</u>)
> **確認: 是否顯示超出工程圖邊界的格線?**
> **指定 是(<u>Y</u>) 或 否(<u>N</u>)»** _No
> :

1.8 指令執行、重複與取消

◆ 執行

STEP 1 在功能區選擇指令項目（例如畫線：**首頁→繪製→直線**）。

STEP 2 輸入指令（例如畫線：**Line，別名 L**），再按 Enter、空白鍵或快按滑鼠右鍵。

STEP 3 從工具列中點選指令。

STEP 4 從功能表中選擇指令。

◆ **重複上一指令**

STEP 1 快按滑鼠右鍵（Enter），或慢按滑鼠右鍵從捷徑功能表中點選重複<指令>。

STEP 2 按Enter鍵或空白鍵。

◆ **中斷指令**

STEP 1 按ESC鍵。

STEP 2 慢按滑鼠右鍵然後按取消。

◆ **指令選項**

執行指令時，在許多狀況下會提示您指定選項，可選擇的選項會顯示在指令提示上方的指令視窗及捷徑功能表上：如**線段 (S), 復原 (U), 關閉 (C)**，大寫底線字母表示選項快速鍵，要使用選項時，可以鍵入字母快速鍵後按[Enter]，或按滑鼠右鍵並從捷徑功能表中選擇一個選項。

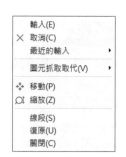

1.9 | 直線

指令TIPS 直線 🔍

- 功能區：**首頁→繪製→直線** ✏
- 功能表：**繪製→直線**
- 指令：**LINE(L)**

使用LINE，您可以繪製一系列相連接的線段，每條線段都可以是單獨編輯的線圖元。

> **提示**　本書指令後的括弧皆為該指令的別名（快速指令）。

指令：LINE
選項：線段(S)或
指定起點»指定點，或按Enter連接上次繪製的線或弧繼續
選項：線段(S),復原(U),按Enter來結束或
指定下一點»
選項：線段(S),復原(U),按Enter來結束或
指定下一點»
選項：線段(S),復原(U),關閉(C),按Enter來結束或

指令：LINE
選項：線段(S),輸入來從最後一個點繼續或
指定起點»_Segments
選項：連續(C),輸入來從最後一個點繼續或
指定起點»
選項：連續(C),復原(U),按Enter來結束或

畫線時，開啟 **QInput**（快速輸入） ，只要滑鼠游標不動，任何角度的線段都可以直接輸入長度後按Enter繼續下一段。重複畫線指令時，在「**指定起點**」時按[Enter]，起點為上次繪製的線或弧的終點。

畫線最佳方式為搭配**極性、圖元追蹤**及**圖元抓取**等功能一起使用。

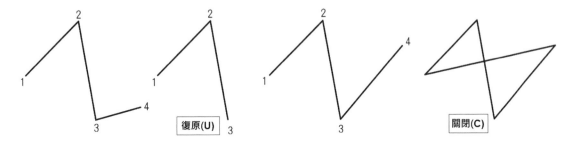

- **線段 (S)**：只繪製單一線段。
- **連續 (C)**：繪製連續線段。
- **復原 (U)**：刪除前一條線段，並回到前一條線段的終點，連續輸入 U 將按繪製順序反向逐一刪除線段。
- **關閉 (C)**：下一點會連接至第一條線段的起點，形成一個封閉的線段迴圈。

1.10 正交

按F8或按狀態列中的**正交** ，使高亮度（藍色）顯示，此時滑鼠游標被限制只能以水平與垂直方式移動，這可以讓使用者精確地建立或修改水平與垂直圖元，例如畫線時，可用來直接繪製水平線和垂直線，並可直接輸入長度；移動圖元時，可水平或垂直方向移動。

1.11 便利顯示工具列

當您在圖面中選擇圖元時，系統會在游標旁顯示**便利顯示工具列**，使用便利顯示工具列可以迅速縮放指定的圖元、變更圖元的圖層、線條樣式和線條寬度、標註圖元尺寸，或使用圖元產生圖塊。

工具列是可拖曳的，如果您未按下任何選項，很快就會消失，若要重新顯示，請再選一次指定的圖元。

要開啟或關閉便利顯示工具列，可以按**選項 (OP)→使用者偏好→草稿選項→便利顯示**中勾選或不勾選**啟用工具列**。

選項	按鈕	描述
放大選取範圍		放大選取圖元的邊界方塊。
線條樣式		設定選取圖元的線條樣式，如要載入線條樣式，請使用LineStyle命令。
線寬		可設定所選圖元的線條寬度。
圖層管理員		顯示圖層管理員對話方塊。
要啟動圖層的圖元		變更所選圖元的圖層至使用中的圖層。

選項	按鈕	描述
變更圖元圖層		變更所選圖元的圖層以符合目的圖層。指定目地的圖層上的圖元，或是指定圖層名稱選項，然後在選擇新圖層對話方塊中選擇一個圖層。
SmartDimension		根據您所選的圖元產生線性、徑向、或直徑尺寸。
產生圖塊		從所選的圖元上產生一個圖塊。

1.12 刪除

此指令會從圖面中刪除所選的圖元，但不會將圖元移動至剪貼簿，再被轉貼至其他位置。

修改

指令TIPS 刪除

- 功能區：**首頁→修改→刪除**
- 功能表：**修改→刪除**
- 指令：**DELETE(DEL)**

在提示**指定圖元**時，您可以使用**圖元選擇方法**，或只選擇圖元，依下列的說明刪除圖元。

1. 使用圖元選擇方式（被選擇的圖元會出現**藍色**的掣點），並在完成選擇圖元後按Delete鍵、或按**刪除**。

2. 按**刪除**，並指定圖元，被選擇的圖元會加入選擇集，並顯示青色，在完成指定圖元後，快按滑鼠右鍵，或按Enter完成刪除。

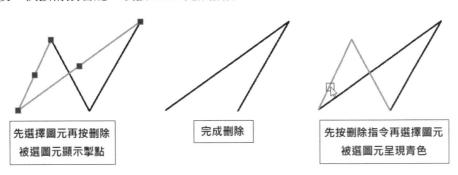

3. 捷徑功能表：選擇要刪除的圖元，慢按滑鼠右鍵，
   從捷徑功能表中點選**刪除**

1.13 選擇圖元方式

一般製圖狀態下，都是執行指令後再選擇圖元，在
選項(OP)→使用者偏好→草稿選項→圖元選擇內，若勾
選右圖的**發出指令之前啟用圖元選擇**時，也可以先選擇
圖元後（有藍色掣點）再執行指令。

對於很多指令，尤其是修改和繪製圖元細節的指
令，您必須選擇工程圖圖元，在指定圖元時輸入 "?"，
按 Enter，則可以檢視圖元選擇的所有選項。

指定圖元 »?
《無效的選擇》指定一個點或視窗(W),最後一個(L),交錯(C),立方面體(BOX),所有(ALL),
柵欄(F),交錯線(CR),圈圍(WP),交叉多邊形(CP),圖元群組(EG),加入(A),移除(R),多個
(M),上一個(P),復原(U),自動(AU),單一(SI)。

雖然選擇工具很多，但這裡只介紹常用的幾種方法：

⬢ 單選圖元

使用選擇方塊在圖面中選擇圖元，選取的圖元依預設會強調顯示，而且都會加入至選
擇集，您可以繼續將圖元加入至選擇集，或是從選擇集移除圖元。若要從選擇集移除先前
選取的圖元，按下 Shift 鍵，同時選擇一個圖元。按 Enter 即結束選擇。

◆ **視窗(W)、交錯(C)、圈圍(WP)、交叉多邊形(CP)、柵欄(F)**

選項	選擇圖元	說明
視窗(W)		指定所有完全在矩形內部的圖元，矩形由兩個對角點決定。
交錯(C)		指定矩形內部的圖元，矩形由兩個對角點決定。延伸到矩形外的圖元也可以被選中。
圈圍(WP)		指定完全在多邊形內部的圖元，多邊形由指定的點定義。
交叉多邊形(CP)		指定在多邊形內部的圖元，多邊形由指定點定義。延伸到多邊形外的圖元也可以被選中。
柵欄(F)		指定通過柵欄的所有圖元，柵欄由您決定。柵欄模式與交叉多邊形類似，唯柵欄不是封閉的。

◆ **由左向右**

移動時以**藍色**顯示選擇的範圍，只有包圍在選擇視窗內部的圖元會以強調**橘色**顯示，表示被選擇。

◆ **由右向左**

移動時以**綠色**顯示選擇的範圍，只有在選擇視窗內以及與選擇視窗相交的圖元會以強調**橘色**顯示，表示被選擇。

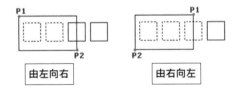

1.14 練習題

新增工程圖檔案，範本選擇standardiso.dwt，預設工程圖邊界大小為420×297，顯示網格，使用**正交模式**與**直線**（LINE）指令畫線，畫線時，直接輸入線段長度按Enter即可，第4,5,6題請自行計算線段長度。

標註尺寸可以使用**線性**標註。

◆ **線性**

線性 標註一般只用於標註水平式與垂直式的線性尺寸，若要標註與圖元平行的尺寸，需使用**對正**標註（詳細說明請參閱11.5節）。

標註時您可以使用方式一的圖元標註，或方式二的兩點標註。

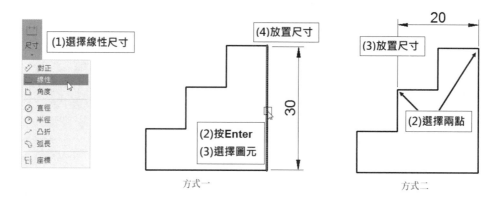

方式一　　　　　　方式二

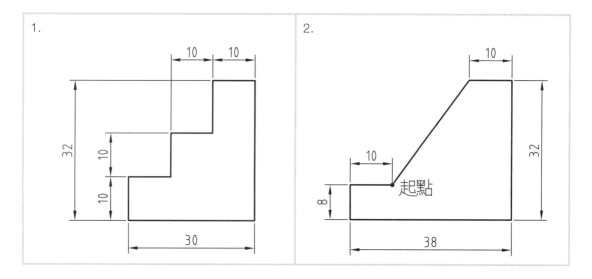

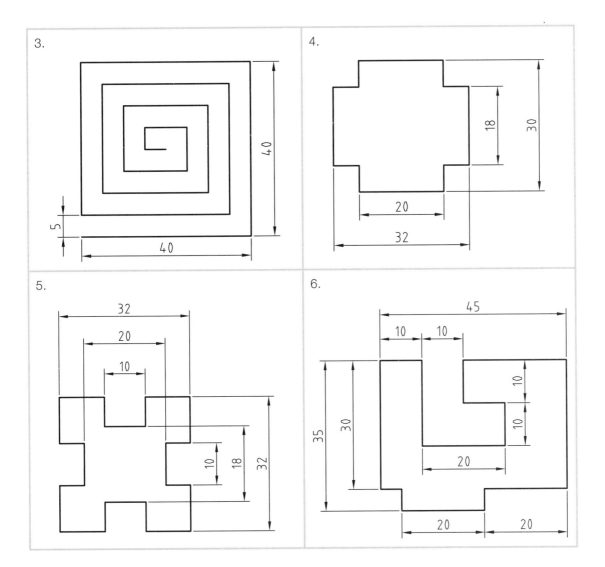

NOTE

02

座標與抓取

 順利完成本章課程後，您將學會：

- 十字游標（指標）
- 滑鼠手勢
- 快速輸入
- 圖元抓取
- 座標系統
- 極性座標
- 縮放
- 顯示選項

2.1 　十字游標（指標）

當系統提示您輸入點、向量、距離或角度時，十字標示指示指標在工程圖中的位置。標準平面檢視（2D）和3D（等角視）視圖，十字標示顯示也不同。在使用圖元抓取時，十字標示的原點會出現一個方塊。

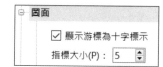

非十字　**2D**　**3D**

要變更指標的大小：按**選項(OP)**→**系統選項**→**圖面**，設定**指標大小**，按**確定**。若未勾選**顯示游標為十字標示**，則游標顯示為指標＋選擇框。

2.2 　滑鼠手勢

指令TIPS　滑鼠手勢　🔍

- 功能區：**管理→自訂→滑鼠手勢**
- 功能表：**工具→滑鼠手勢**
- 指令：**Gesture**

使用滑鼠手勢作為執行指令的捷徑時，其作用與鍵盤捷徑類似，一旦了解各指令的對應關係，即可使用滑鼠手勢快速叫用對應的指令。

使用時，只要從圖面中按住滑鼠右鍵以與指令對應的手勢方向拖曳，滑鼠手勢導引將會出現，並強調顯示指令圖示，在通過指令區域之後放開滑鼠即可啟用該指令。

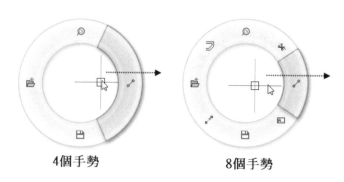

4個手勢　　　　　8個手勢

按**管理→滑鼠手勢**，勾選**啟用滑鼠手勢**，並點選**4個手勢**或**8個手勢**，若要變更新的手勢指令時，將類別設定為**所有指令**，按一下**選擇**欄，從清單選擇要重新指定的滑鼠手勢方向，然後按**確定**。

 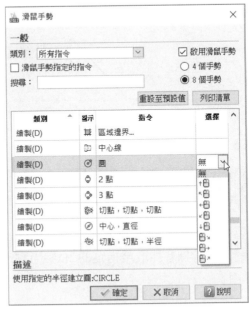

2.3 快速輸入

- 鍵盤捷徑：**F12**
- 狀態列：**Qinput**（按右鍵顯示**設定**）

快速輸入的主要元素為指標旁的工具提示，工具提示可用於座標、距離、長度、角度和其他項目的輸入，當您移動指標時，工具提示會追蹤座標位置、長度及角度等，而動態的更新顯示資訊。

您可以從**選項(OP)→使用者偏好→草稿選項→快速輸入**中設定，預設下，第二個或後續的點以極性和相對座標方式輸入。

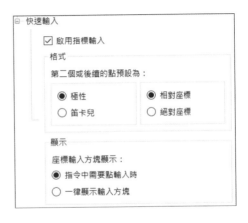

例如：繪製線段時，可在工具提示下輸入長度後，按[Tab]鍵跳至角度輸入框，輸入 0-359度，游標以**逆時針**量測；輸入負的角度，游標則以**順時針**量測；輸入的長度，若按 "，" 鍵則依快速輸入預設，以(△X, △Y)相對座標方式輸入新的座標點。

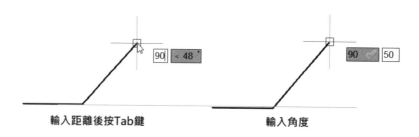

輸入距離後按Tab鍵   輸入角度

2.4 圖元抓取

當狀態列中的**圖元抓取**按鈕高亮度顯示時，表示繪圖時游標會抓取至指定的2D參考點上，以精確定位。

圖元抓取是用來讓使用者指定圖元上的精確位置。例如，每當提示您輸入點時，您可以使用圖元抓取，把線畫到一個圓的圓心、四分之一點、線段中點、交點或是最近點上。

選擇中心點時，需先將游標移至圓周，待系統顯示出圓心時再將游標移至中心點點選即可。

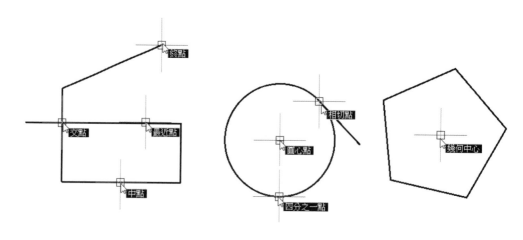

在執行指令，系統提示您指定起點或來源點時。例如：LINE，在起點提示下，按住**Shift+ 滑鼠右鍵**（或**Ctrl+ 滑鼠右鍵**），會顯示如右圖的圖元抓取捷徑功能表，這時再選擇圖元抓取選項以方便做即時的圖元抓取。

> **提示** 從捷徑功能表中選擇「**無**」可讓你在一次的繪圖動作中暫時不使用圖元抓取。

◈ 圖元抓取設定

在**圖元抓取**按鈕上按滑鼠右鍵，點選**設定**，或按**選項→使用者偏好→草稿選項→指標控制**，如下圖從選單中選擇您想要的圖元抓取項目，方便你在繪圖時自動抓取圖元。

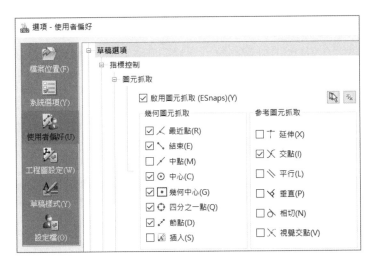

◈ 圖元抓取選項

按**選項**(OP)**→使用者偏好→草稿選項→顯示→指標提示**與**重力方塊**。

- **顯示圖元抓取提示**：十字游標移動至抓取點時，抓取點顯示為黃色。
- **圖元抓取提示大小**：當您將十字游標定位於圖元抓取點時，出現在十字游標中間點的外框。

- **啟用圖元抓取重力**：當十字游標移動時，它會將十字游標吸附在最近的圖元抓取點上。
- **重力力塊大小**：當系統提示指定起點或來源點時，十字游標的抓取框大小。

2.5　座標系統

　　所有工程圖都是根據笛卡爾座標系統所建立的，此座標系統中使用了三個垂直軸：X、Y和Z。所有軸均以座標系統的原點為起點，X軸和Y軸定義水平面，X軸和Z軸，以及Y軸和Z軸定義垂直面。

　　在笛卡爾座標格式中，點是由點至XY、XZ和YZ平面的距離所定義，這些距離稱為點的XYZ座標。當您在2D中進行繪圖時，您只能在XY平面上指定點，Z座標會被省略。在CAD中，固定的笛卡爾座標系統稱為世界座標系統（WCS），新工程圖是根據WCS所建立的。

　　輸入的座標值分為絕對或相對座標值，要指定與上一個點有關的點座標（相對座標輸入），請在座標值前面鍵入"@"字元。

座標類型	絕對座標輸入格式		相對座標輸入格式	
笛卡爾2D	X, Y	3.5, 8.2	@△X, △Y	@3.5, 8.2
極性2D	距離<角度	7.5<45	@相對距離<角度	@7.5<45

2.5.1　絕對座標

　　絕對座標定位法使用直角座標的絕對值：X,Y（以逗號分隔）。絕對座標原點(0,0)，即X軸與Y軸的交點，X值表示沿水平軸方向的距離，向右為**正**向左為**負**；Y值表示沿垂直軸方向的距離，向上為**正**向下為**負**。

在**指令視窗**輸入座標值不需使用「＃」字首，直接輸入點的絕對座標值即可，但是在圖面輸入時，使用「＃」字首代表**絕對座標**；不使用「＃」字首代表**相對座標**（依快速輸入預設設定）。

下例繪製線段A到C到封閉，其起點A的X值為–8，Y值為4，在指令提示下輸入以下內容：

```
：LINE↵
指定起點»-8,4
指定下一點»12,4
指定下一點»12,16
指定下一點»_Close
```

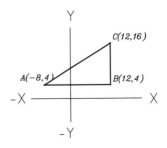

如圖示，以絕對座標完成三條線段。

2.5.2 相對座標

相對座標定位法是以前一個輸入的點為起點，輸入座標值必須在前面加上「＠」符號（在圖面中不用輸入＠），同樣的，X值表示沿水平軸方向的距離，向右為**正**向左為**負**；Y值表示沿垂直軸方向的距離，向上為**正**向下為**負**。例如，輸入 @6,-8 可指定在X軸右方距離前一個指定點6個單位、在Y軸下方距離前一個指定點8個單位的點，即(△X,△Y)=(X2-X1,Y2-Y1)。

下例繪製了三角形的邊，起點A的絕對座標為-8,4，B點在X方向距離A點24個單位、Y方向距離A點4個單位；B點是第一條邊線的終點、第二條邊線起點，C點在X方向距離B點-8個單位、Y方向距離B點8個單位，最終線段使用**關閉(C)**返回起點。

```
：LINE
指定起點»-8,4
指定下一點»@24,4
指定下一點»@-8,8
指定下一點»_Close
```

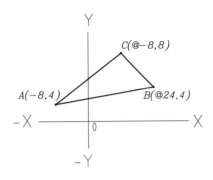

如圖示，以相對座標完成三條線段。

2.6 極性座標

極性座標定位法不同於絕對座標與相對座標，以點P而言，相對於原點之長度為OP=r，角度是從水平線量至OP線的角度值θ，則點P的表示法為(r,θ)，r與θ即稱之為點P的極性座標。

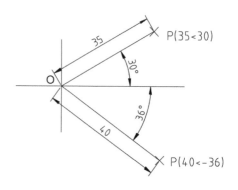

DraftSight對於極性座標的表示法需以角括號"<"分隔距離與角度，即r<θ。

依預設，X水平軸向右為0度，逆時鐘方向的角度為**正**，順時鐘方向的角度為**負**。例如，在指令視窗輸入10<315與輸入10<-45可定位同一個點，同樣地，相對極性座標也使用「@」字首來表示，如@10<60。

平時在圖面中輸入**距離＜角度**視為相對極性座標，絕對極性座標則必須使用「#」字首來指定。例如，輸入#3<45可指定距離原點3個單位，且與X軸成45度角的點。

◉ 絕對極性座標

右圖顯示以絕對極性座標繪製的兩條線，並使用預設角度方向設定，在指令行輸入。

```
LINE
選項：線段(S)
指定起點»0,0
指定下一點»15<30
指定下一點»12<120
指定下一點»
```

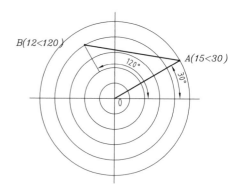

◉ 相對極性座標

相對極性座標定位法是以前一個輸入點為起點，當您知道下一點與前一點的位置相對關係時，可以使用相對極性座標。在指令視窗輸入的座標值必須在前面加上「**@**」符號，例如，輸入@15<45可指定距離上一個指定點15個單位，且與X軸成45度角的點。

下面範例顯示使用相對極性座標繪製的兩條線。

> 指定下一點»**@15<45**
> 指定下一點»**@25<290**

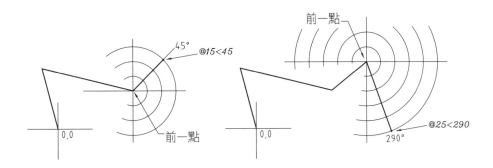

2.7 縮放

指令TIPS 縮放 🔍

- 功能區：**檢視→縮放→縮放視窗**下拉選單
- 功能表：**檢視→縮放**
- 指令：**ZOOM(Z)**

縮放視窗 ▾

- ⬚ 縮放視窗
- ⊘ 縮放擬合
- ◎ 縮放邊界
- ⊟ 縮放所選
- ⊙ 縮放上一個
- ⊙ₙ 縮放係數
- ⊕ 放大
- ⊖ 縮小
- ⊗ 縮放中心

　　縮放用作拉近與拉遠來變更工程圖的顯示比例，亦即用來放大或縮小以檢視目前的視圖畫面，圖元大小不變，僅改變檢視的放大倍率。

> 指令：ZOOM
> 預設：動態(D)
> 選項：邊界(B),中心(C),動態(D),擬合(F),左(L),上一個(P),已選擇(SE),指定縮放係數（nX或nXP）或
> 指定第一個角落»
> 指定對角»

- **動態(D)**：允許您以單一方向放大與縮小。
- **中心(C)**：讓您為新視圖指定一個中心點以及放大率或高度。
- **係數（nX或nXP）**：可讓您以指定的比例係數縮放顯示畫面。
- **上一個(P)**：允許您復原上一個縮放操作。

- **已選擇 (SE)**：計算包含所選圖元的區域邊界並且放大或縮小，使得在螢幕上能夠看見圖元。
- **視窗**：以最大的可能比例顯示所選視窗的部份工程圖。
- **邊界 (B)**：顯示整個工程圖，即使只有部份工程圖有圖元。
- **擬合 (F)**：將工程圖顯示為最大尺寸，但是在計算縮放邊界時忽略工程圖邊界。
- **左 (L)**：可讓您為新視圖指定一個左下角點以及放大率或高度。

> **提示** 控制滑鼠滾輪向前或向後移動時的縮放倍率可輸入 zoomfactor 變更數值 (3-100)，預設值為 60，該數值越大，縮放越大。

2.8 顯示選項

按**選項→系統選項→顯示→元素色彩**標籤，**色彩**用以設定使用者介面元素的顯示色彩，例如模型和圖頁背景、指標和十字標示，功能區的背景顏色則需從**使用者介面樣式**中選定。

您也可以變更圖元選擇強調顯示的色彩。當您將游標停留在圖元上方（預覽強調顯示）或當您選擇圖元（選項強調顯示）時，圖元會強調顯示。依預設，圖元色彩在這兩種情況下都會改變。

- **使用虛線圖元選擇強調顯示**：將選擇強調顯示行為改回舊制的虛線樣式圖元強調顯示。

有勾選使用虛線圖元選擇強調顯示　　　　預設未勾選

2.9 練習題

使用**長度與角度**、**圖元抓取**模式,繪製圖形,有的圖要分兩次畫線。斜線的標註請使用**對正** ⟨⟩,或功能表:**尺寸→對正** ⟨⟩(詳細說明請參閱11.5節)。

● **對正** ⟨⟩

對正用於量測並標記兩個點之間的絕對距離,並指定與圖元平行的位置,與**線性**一樣,您可以先按Enter後,選擇圖元;或用圖元抓取選擇圖元兩點標註。

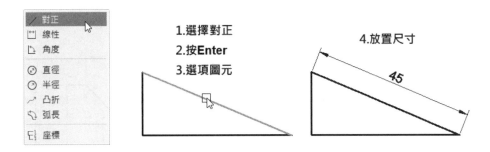

● **角度** ⟨⟩

角度用於產生兩個側邊圖元之間內角的角度及外角角度,其他請參閱11.6節**角度**。

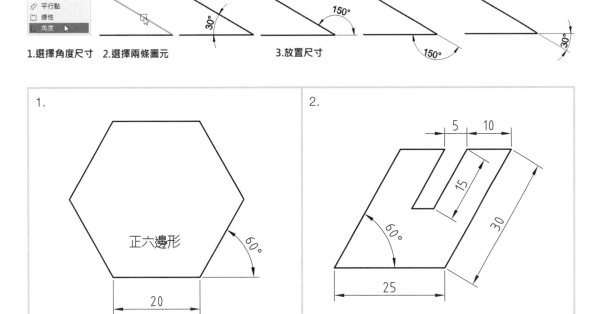

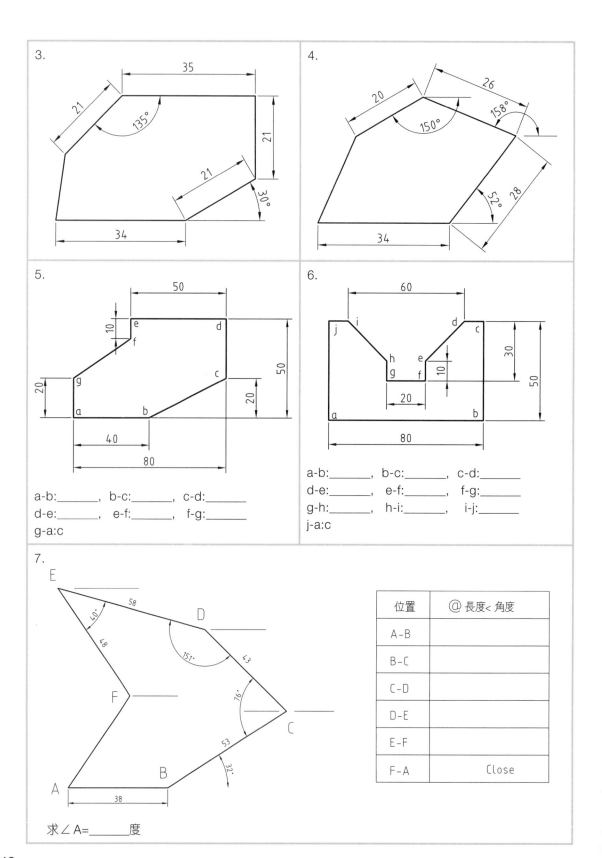

3.

4.

5.

a-b:_____, b-c:_____, c-d:_____
d-e:_____, e-f:_____, f-g:_____
g-a:c

6.

a-b:_____, b-c:_____, c-d:_____
d-e:_____, e-f:_____, f-g:_____
g-h:_____, h-i:_____, i-j:_____
j-a:c

7.

位置	@ 長度< 角度
A–B	
B–C	
C–D	
D–E	
E–F	
F–A	Close

求 ∠A=_____度

8.

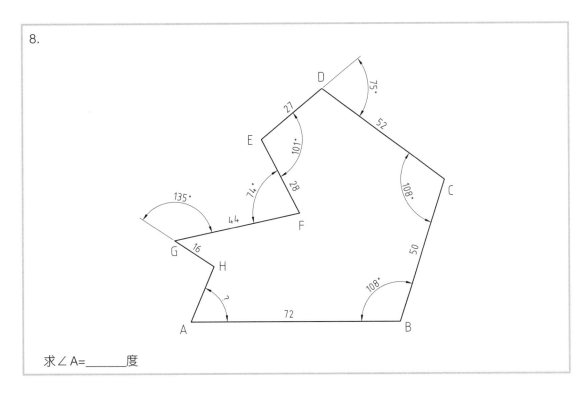

求∠A=_____度

> 提示 ▲角A可用 **GETANGLE** 指令來量測兩條直線或聚合線之間的角度。
>
> （7.Ans：54.9567°，8.Ans：66.858°）
>
> 若要移動圖形使圖面排列整齊，可參考Chap6的**移動指令**（MOVE）。

NOTE

03

圖面、修剪與偏移

 順利完成本章課程後,您將學會:

- CNS 5 標準 A 規格之圖紙大小
- 單位
- 工程圖邊界
- 格點顯示控制
- 抓取
- 圖元框架
- DraftSight 常用功能鍵
- 切換視窗
- 說明
- 修剪
- 強力修剪與角落修剪
- 偏移

3.1　CNS 5標準A規格之圖紙大小

A0：全開,$1189 \times 841 = 1m^2$

A1：半開,$841 \times 594\ mm^2$

A2：四開,$594 \times 420\ mm^2$

A3：八開,$420 \times 297\ mm^2$

A4：十六開,$297 \times 210\ mm^2$

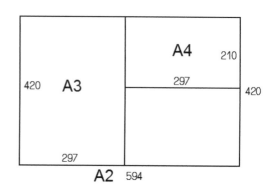

一般手繪用的製圖紙為重$120g/m^2$到$200g/m^2$之間的模造紙（道林紙），而常用的影印紙重有$70g/m^2$與$80g/m^2$兩種，每包500張。

3.2　單位

指令TIPS　單位系統

- 功能表：**格式→單位系統**
- 指令：**UNITSYSTEM**

單位系統用於定義**長度**和**角度**單位之格式與精確度（小數位數）、工程圖中的圖塊和工程圖的參考量測單位。單位設定會和每個工程圖一起儲存，因此每個工程圖的單位設定可能會有不同。

- **長度**：指定目前測量單位的格式與顯示的精確度，此精確度會反應在狀態列的**座標值**上。
- **角度**：指定目前的角度格式與顯示的精確度。

圖面所使用的單位**毫米**或**英吋**應在新增檔案時直接從範本中選擇，也可以在此設定變更。例如，一個圖面單位的距離通常表示實際單位的一毫米或一英吋。

您可以從功能區：**管理→工程圖→單位**中設定：

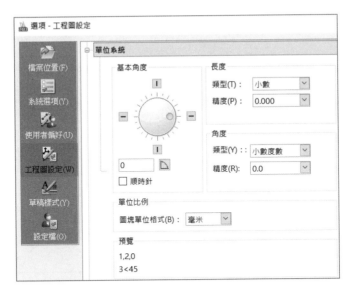

3.3 工程圖邊界

使用**工程圖邊界**設定可以定義網格顯示的範圍並且定義圖面大小，尤其是在列印與繪圖時非常有用，如果您設定標準圖面大小（A格式），使其能夠直接在標準工程圖圖頁進行縮放，您在指定列印時只需要繪製邊界以產生完整工程圖的繪圖即可，不必考慮工程圖視窗中目前的顯示。

您可以從功能區：**選項→工程圖設定→行為**中設定：

- **啟用工程圖邊界**：將您繪製的工程圖圖元限制在位置中設定的邊界內，邊界之外則無法繪製圖元。

- **位置**：要設定工程圖邊界邊框時，可以指定座標或按一下 🔲 在圖面中選擇，以在圖面中設定邊界。

3.4 格點顯示控制

指令TIPS 格點

- 狀態列：**網格** ⊞（按右鍵顯示**設定**）
- 鍵盤捷徑：**F7**
- 指令：**GRID**

　　顯示網格格點，可以視覺化距離、角度和圖元關係。預設下，格點的顯示範圍為全部，但也可以限制其顯示範圍為**工程圖邊界**內。

　　格點並不會影響列印與繪圖。

```
指令：GRID
預設：10
選項：工程圖邊界(B),與抓取相符(S),關閉(OF),開啟(ON),間距(SP)或
指定格線間距»Bounds
預設：否(N)
確認：是否顯示超出工程圖邊界的格線？
指定是(Y)或否(N)»
指令：GRID
預設：10
選項：工程圖邊界(B),與抓取相符(S),關閉(OF),開啟(ON),間距(SP)或
指定格線間距»
```

- **工程圖邊界(B)**：指定是否顯示超出工程圖邊界以外的網格，預設為顯示工程圖邊界區域之外的網格。
- **與抓取相符(S)**：將網格間隔設定為目前的抓取間隔。
- **關閉(OF)**：關閉網格。
- **開啟(ON)**：使用目前的網格間距開啟網格。
- **間距(SP)**：讓您設定水平與垂直間距。

您也可以從功能區：**管理→選項→使用者偏好→草稿選項→顯示→網格設定**中設定：

指令TIPS 抓取

- 狀態列：**抓取** （按右鍵顯示**設定**）
- 鍵盤捷徑：**F9**
- 指令：**SNAP**

參閱上圖網格設定，抓取網格是限制十字游標移動，以及抓取時只限於圖面中的網格，在啟動抓取時，指標只會選擇網格上的點，這在指向工程圖的起點、終點、中心點和其他特定點，且正好位於抓取網格的點上時特別適用。

目前此功能已不適用於一般繪圖，且初學者易與抓取圖元混合。

- **矩形**：將正交抓取網格設定為與目前座標系統的X和Y軸平行對齊。
- **等角視**：設定等角視抓取網格沿著與水平軸成30、90和150度角的直線對齊，此為繪製等角圓與等角圖時使用。
- **間距**：指定水平和垂直間距的值，可以設定抓取網格的X和Y間距。

3.6 圖元框架

3.6.1 系統提供圖元框架

在任何時候，您都可以在「模型」和「圖頁」模式中把「框架」和「標題圖塊」新增到工程圖中。系統為每一個工程標準提供一組預先定義的框架和標題圖塊，這些框架和圖塊位於下列資料夾：

- **框架**：C:\Users\使用者\AppData\Roaming\DraftSight\版本編號\Drawing Components\Frames。

- **標題圖塊**：C:\Users\使用者\AppData\Roaming\DraftSight\版本編號\Drawing Components\Title Blocks。

您可以在**選項→檔案位置**對話方塊中變更框架和標題圖塊檔案的預設位置，也可以視需要新增更多位置。

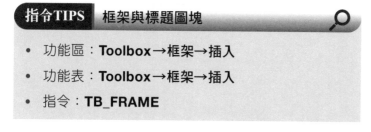

新增框架和標題圖塊至工程圖：

指令TIPS 框架與標題圖塊

- 功能區：**Toolbox→框架→插入**
- 功能表：**Toolbox→框架→插入**
- 指令：**TB_FRAME**

您可以在 **Toolbox - 框架與標題圖塊**對話方塊中，指定框架大小和標題圖塊。其中**使用中的標準**為 Toolbox 對此工程圖使用的（產業或自訂）標準。

3.6.2 自訂圖框

系統已經為每一個工程標準提供一組預先定義的工程圖框架和標題圖塊。此外，您也可以根據本身的需求產生自訂框架和標題圖塊。要在其他工程圖中使用自訂框架和標題圖塊，您必須採用DWG格式來產生和儲存，並將它們儲存在指定的資料夾中，與標準的檔案相似。

自訂標題圖塊請參閱後面章節之圖塊說明。

開新檔案時，繪製常用之簡單圖框，大小為A3：390×277與A4：272×190，儲存圖框工程圖至「選項」對話方塊所指定的位置備用。

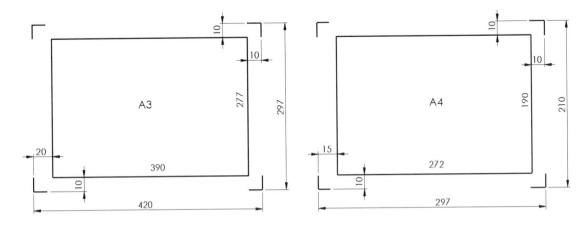

3.7 DraftSight 常用功能鍵

功能鍵	描述	功能鍵	描述
Esc	取消目前指令	Ctrl+B	在指令執行期間切換抓取模式
F1	顯示線上說明	Ctrl+C	將圖元複製到剪貼簿
F2	在個別的指令視窗中顯示及隱藏指令歷程記錄	Ctrl+F	尋找和取代註解中文字、註記和尺寸文字
F3	開啟和關閉圖元抓取	Ctrl+G	在指令執行期間切換網格顯示
F5	將網格切換為下一個等角視平面	Ctrl+L	在指令執行期間切換正交模式
F7	開啟和關閉網格顯示	Ctrl+N	建立新的工程圖檔案
F8	開啟和關閉正交模式	Ctrl+O	開啟現有的工程圖檔案
F9	開啟和關閉抓取模式	Ctrl+P	開啟列印對話方塊
F10	開啟和關閉極性導引	Ctrl+Q	結束軟體
F11	開啟和關閉圖元追蹤	Ctrl+S	儲存工程圖

功能鍵	描述	功能鍵	描述
F12	開啟和關閉 QuickInput	Ctrl+V	插入剪貼簿中的資料
Ctrl+F4	退出工程圖但不結束程式	Ctrl+X	將圖元剪下到剪貼簿
Alt+F4	結束程式	Ctrl+Y	撤銷上一個 U 或 Undo 指令的效果
Ctrl+0	將工程圖面積最大化，或回到一般顯示模式	Ctrl+Z	復原最近的指令
Ctrl+1	開啟和關閉屬性調色盤	Del	刪除強調顯示的圖元
Ctrl+9	開啟和關閉指令視窗	Shift	強制使用正交模式
Ctrl+Tab	切換工程圖視窗		

3.8 切換視窗

當你開啟多個圖檔時，為了方便檢視，這時需要切換工程圖視窗以檢視不同的圖檔，除了按快速鍵 Ctrl+Tab 外，您也可以按**工程圖標籤**。

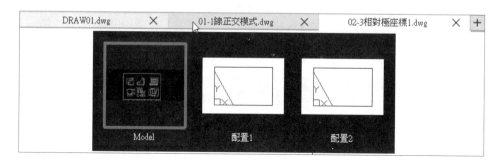

3.9 說明

按一下標題列中的圖示 ? ▼，**說明**功能表中提供說明以及更新等選項，按**說明：**系統會開啟 DraftSight 20XX 說明供使用者檢視並搜尋指令等。

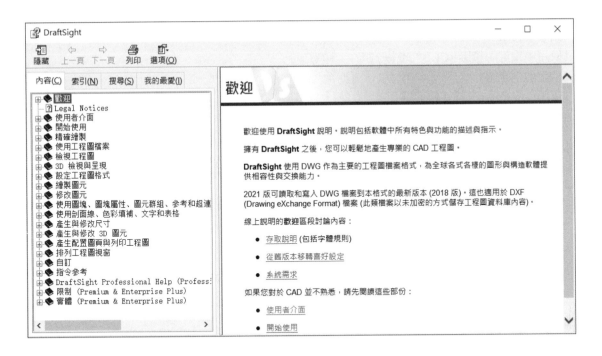

3.10 修剪

指令TIPS　修剪

- 功能區：**首頁→修改→強力修剪下拉選單→修剪** ✳
- 功能表：**修改→修剪**
- 指令：**TRIM(TR)**

　　若要修剪圖元，以選定的圖元為切割邊線，按Enter後，再選取要修剪的圖元。若要將所有圖元用做切割邊，請在第一次出現**指定切割邊線**時按Enter。（獨立圖元可以用**擦掉**選項或用**刪除**指令）

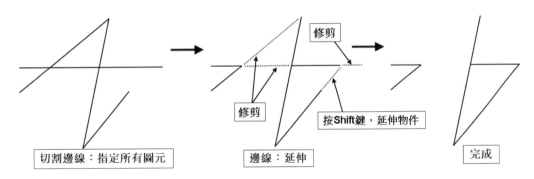

指令：TRIM
使用中設定：投影＝CCS，邊線＝無
指定切割邊線...
選項：按Enter來指定所有圖元或
指定切割邊線»選擇要作為切割邊線的線段，完成後按Enter
選項：交錯(C),交錯線(CR),投影(P),邊線(E),擦掉(R),復原(U),柵欄(F),Shift+選擇來延伸
或指定要移除的線段»選擇要移除的線段、或輸入選項按Enter或按Enter結束

- **交錯 (C)**：繪製矩形框選擇圖元，由右向左選擇時，在矩形內部以及與矩形交錯的圖元皆被選擇刪除，由左向右選擇時，只在矩形內部的圖元被選擇刪除。
- **交錯線 (CR)**：使用柵欄選擇方法剪去由柵欄線所劃出的一邊上的圖元。
- **投影 (P)**：將投影模式設定為CCS（使用中的自訂座標系統之X-Y平面）、無或檢視。

指定要修剪的線段»：P
預設：CCS
選項：CCS,無(N)或檢視(V)
指定投影選項»：輸入選項，或按Enter

- **邊線 (E)**：沿著在延伸後會與圖元相交的切割邊線進行修剪。要修剪的圖元不必實際與切割邊線相交。若要沿著隱含的相交修剪，請指定邊線選項，接著指定延伸選項。

預設：無延伸(N)
選項：延伸(E)或無延伸(N)
指定邊線選項»：輸入選項，或按Enter

- **擦掉 (R)**：刪除不需要的圖元但不結束Trim指令，功能與**刪除**指令相同。
- **復原 (U)**：取消最近的修剪操作。
- **柵欄 (F)**：請參閱1.13節選擇圖元方法。
- **Shift+ 選擇**：在您按住Shift並選擇圖元，可以延伸圖元至最近圖元交會處。

3.11 強力修剪與角落修剪

指令TIPS　強力修剪、角落修剪

- 功能區：首頁→修改→強力修剪 ⌕、角落修剪 ✛
- 功能表：修改→強力修剪、角落修剪
- 指令：**POWERTRIM(TR)**

　　使用**強力修剪**模式時，只要按住游標移動，將游標拖曳通過被修剪的圖元，沿著路徑產生一道軌跡後，圖元即被刪除或被修剪至最近圖元交會處。

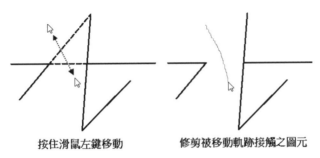

按住滑鼠左鍵移動　　　修剪被移動軌跡接觸之圖元

　　選擇圖元線端，沿著圖元的自然路徑移動，則可延伸至所選的圖元與之交會，或動態延伸、縮短圖元。

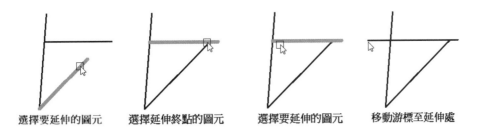

選擇要延伸的圖元　　選擇延伸終點的圖元　　選擇要延伸的圖元　　移動游標至延伸處

　　使用**角落修剪**模式時，在交錯的兩圖元間，選擇要保留的線段，即形成修剪後的角落。

　　您可以修剪線條、聚合線、圓弧、圓、橢圓、不規則曲線、射線、無限直線、剖面線和漸層，但無法修剪尺寸、註解、簡單註解、局部範圍、複線或圖塊內的圖元。

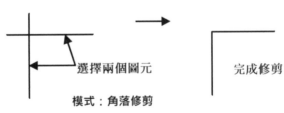

選擇兩個圖元　　　　　　　　完成修剪

模式：角落修剪

```
指令：POWERTRIM
使用中的模式：強力修剪
預設：結束(X)
選項：角落(C),復原(U)或結束(X)
指定要修剪的圖元»
使用中的模式：角落修剪
選項：強力修剪(P),復原(U)或結束(X)
指定要修剪的圖元»
指定角落修剪的第二個曲線»
```

- **強力修剪(P)**：使用強力修剪模式。

- **角落(C)**：使用角落修剪模式。

3.12 偏移

指令TIPS 偏移

- 功能區：**首頁→修改→偏移** ⊐

- 功能表：**修改→偏移**

- 指令：**OFFSET(O)**

　　使用**偏移**指令可以產生線條、2D聚合線、圓、圓弧、橢圓、橢圓弧、不規則曲線、射線和無限直線的平行新偏移圖元。所選取圖元的副本會放置在與原始圖元相距指定距離的位置，原始圖元會維持在原處不變。

　　偏移視工程圖圖元的類型而定：

- **直線**：產生相同的副本，並以您指定的方向和距離移動。

- **圓、圓弧和橢圓**：產生以圖元中心作為基準點而進行縮放的副本，您可以使用比原始圖元更小或更大的半徑，產生同心圓和同心圓弧。

```
指令：OFFSET
使用中設定：刪除來源=否　圖層=來源　間隙類型=Natural
預設：1
選項：刪除(D),距離(DI),目的地圖層(L),通過點(T),間隙類型(G)或
```

> 指定距離»_Gaptype
> 預設：自然性(N)
> 選項：圓弧(A),導角(C)或自然性(N)
> 指定選項»

- **刪除 (D)**：圖元副本放置完成後，移除原始圖元。
- **距離 (DI)**：產生多個偏移，1.選擇要偏移的圖元，2.按一下偏移圖元的邊，3.指定第一個距離和第二個距離等，按Enter後，完成偏移圖元副本。
- **目的地圖層 (L)**：指定要複製的圖元是否在使用中的圖層或來源圖層上。
- **通過點 (T)**：產生偏移圖元並使其通過您指定的點。
- **間隙類型 (G)**：指定要填補位移聚合線可能間隙的間隙類型：
  - **圓弧 (A)**：圓角間隙，圓角半徑等於偏移距離。
  - **導角 (C)**：導角間隙，從每個導角到其在來源線性聚合線線段上對應頂點之間的垂直距離等於偏移距離。
  - **自然性 (N)**：將線性聚合線線段延伸到其投影的相交點。

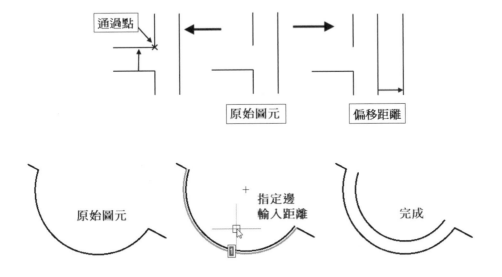

3.13 練習題

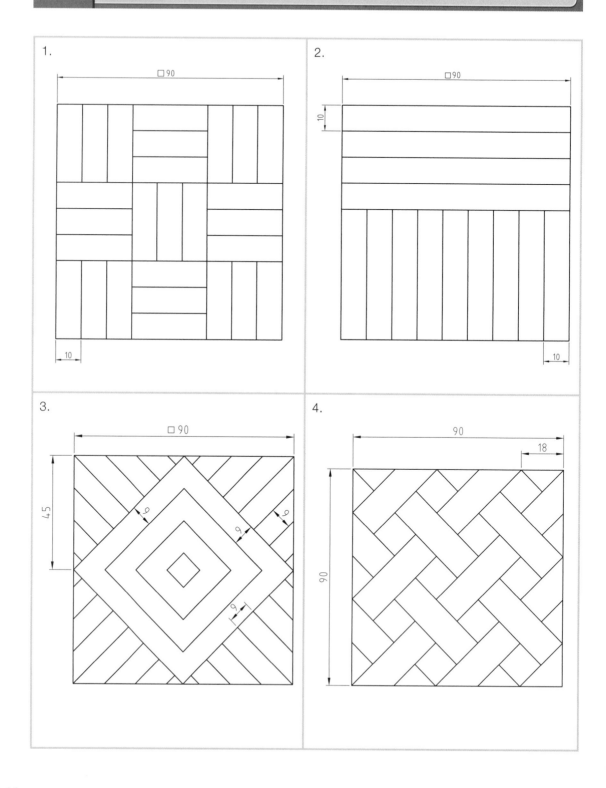

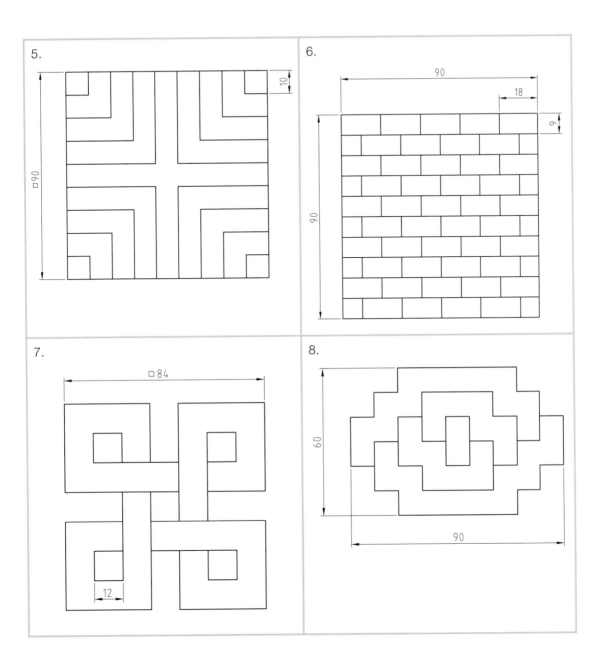

NOTE

04

抓取追蹤與畫圓

 順利完成本章課程後，您將學會：

- 極性導引
- 圖元抓取追蹤
- 圓
- 復原
- 取消復原
- 圖元選擇
- 掣點

4.1 極性導引

指令TIPS 極性 🔍

● 極性 [F10]

● 狀態列：**極性** ⊙ ˙ （按右鍵顯示**設定**）
● 鍵盤捷徑：**F10**

極性導引可提示游標以指定的角度（或倍數角度）移動，當您建立或修改圖元時，可使用**極性導引顯示的增量角度**定義的角度顯示導引線，並沿著此導引線移動以繪製圖元。

在您移動游標至接近極性導引增量角度時，畫面會顯示導引線和提示訊息。預設的角度是90度，您可以選擇不同的**增量角度（含角度的倍數）**或建立**特定角度**，您也可以在**增量角度**按鈕上按下拉箭頭，從列表中選擇適合的**增量角度**。

如下圖，繪製一條60度線，如果您使用極性導引增量角度30度，當游標經過絕對角度30度或30度角的**倍數**時，會顯示導引線，當您將游標移開該角度時，導引線會立即消失。

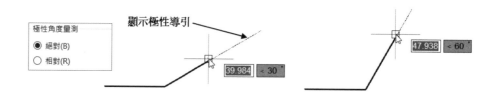

如下圖，選擇**相對**，增量角度45度，相對於前一條線段繪製第二條線段時，當游標經過相對於前一線段終點45度或45度角的**倍數**時，會顯示導引線。

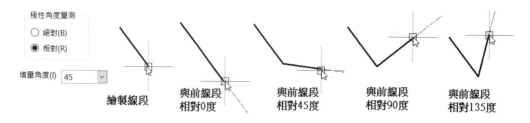

提示 當 Qinput 開啟，且游標在導引線時，您也可以直接輸入距離，繪製線段。

4.2 圖元抓取追蹤

4.2.1 圖元抓取 + 極性導引

在**圖元抓取**與**極性導引**開啟時，若沿著極性導引增量角度的導引線，與圖元有接觸點即可產生抓取，以方便繪圖尋點。如圖導引線與水平線產生交點，可移動游標至交點上繪製線段，但是**交點在圖元抓取**中必須是有勾選的。

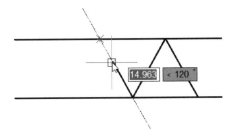

4.2.2 圖元抓取 + 圖元追蹤

在**圖元抓取**、**圖元追蹤**開啟時，依預設，**極性角度量測**為**絕對**，也就是說此時在抓取的圖元點上，可利用**極性導引顯示的增量角度**定義的角度（或倍數），沿著導引線追蹤，與繪製的線段產生交點。

如下圖，若要畫 A 至 B 的直線，首先從起點 A 移動游標至 C 點抓取圖元追蹤點後（不按左鍵，只滑到 C 點後移開），再沿著 C 點的極性導引線移動游標至 B 點以取得圖元追蹤點，按左鍵取得 B 點。

被抓取的追蹤點會顯示幾何圖元抓取框（如 C 點），若取得錯誤的圖元追蹤點只要再滑回去即可取消追蹤點的抓取框。

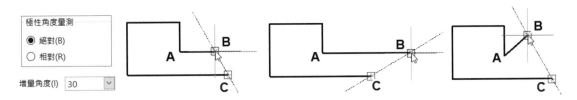

4.2.3 圖元抓取 + 圖元追蹤 + 極性導引

在**圖元抓取**、**圖元追蹤**與**極性導引**同時開啟時，依預設，**極性角度量測**為**絕對**，則繪圖點與抓取點都可以利用指定的增量角度導引追蹤，先從某定點抓取圖元點後，再沿著圖元點的導引線與繪圖點的導引線進行追蹤，以取得交點。

　　如圖,若要畫A至B的直線,首先從起點A移動游標至C點抓取圖元追蹤點後(不按左鍵,只滑到C點後移開),再沿著C點的極性導引線移動游標,並與B點的極性導引線相交後,取得圖元追蹤點,按左鍵取得B點。

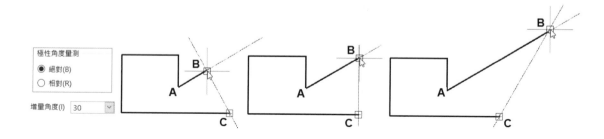

4.3 圓

　　繪製圓形圖元,圓為單一圖元,只能在兩點間作**修剪**或**拆分**,無法**拆分於點**。

指令:CIRCLE
選項:3點(3P),2點(2P),Ttr,TTT 或
指定中心點»:指定一點或輸入選項
預設:半徑
選項:直徑(D)或
指定半徑»:輸入半徑值或按D[Enter]後輸入直徑

- **3點(3P)**:選擇不在同一直線上的三個點繪製一個圓。
- **2點(2P)**:選擇兩點為直徑距離繪製一個圓。
- **Ttr**:指定兩圖元上的點做為圓的切點,並輸入半徑值。
- **TTT**:指定3個圖元上的點做為圓的切點,依此3點定圓。

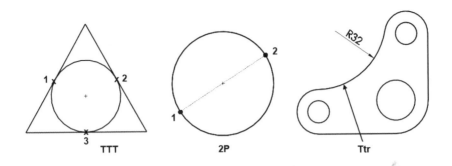

TTT   2P   Ttr

提示 用Ttr選擇圓弧圖元時，選擇點的位置不同，得到的圓位置也會不同。

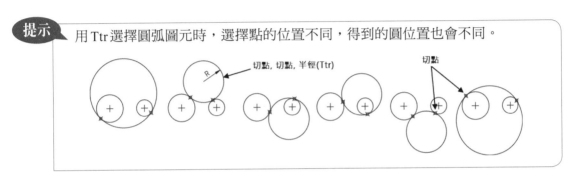

4.4 復原

- 快速存取工具列：**復原** ⤺ ▾
- 功能表：**編輯→復原**
- 指令：**UNDO(U)**；或鍵盤捷徑 **Ctrl+Z**

    使用Undo指令可以撤銷上一個指令，您可以重複執行Undo，直到您撤消所有步驟為止，此時系統會顯示「沒有要復原的動作」訊息。

4.5 取消復原

指令TIPS 取消復原

- 快速存取工具列：**重做**
- 功能表：**編輯→取消復原**
- 指令：**REDO**；或鍵盤捷徑 **Ctrl+Y**

使用Redo指令可撤銷先前的Undo操作，您只能在執行最後一個Undo指令後，沒有再使用任何其他指令變更工程圖時，才能使用Redo指令。

> **提示** 只要再執行其他指令，**取消復原**視窗內的項目都會被移除，而**取消復原**圖示會顯示為灰階無法使用。

4.6 圖元選擇

指令TIPS 圖元選擇

- 功能區：**管理→自訂→選項→使用者偏好→草稿選項→圖元選擇→選擇設定**

您可以在此選擇**圖元群組顯示模式**與調整**選擇方塊大小**等。

- **發出指令之前啟用圖元選擇**：此選項可讓您在選擇圖元後再執行指令，和執行指令後再選擇圖元一樣。例如：可以先選擇圖元後，再按**刪除**或按**刪除**指令再選擇圖元。預選對於拆分、修剪、延伸、導角和圓角指令沒有作用。

- **啟用剖面線/邊界關係**：當您選擇相關的剖面線時，選擇剖面線圖元以及邊界圖元。

- **啟用圖元群組選擇集**：當您在圖元群組中選擇一個圖元時，會選擇圖元群組中的所有圖元。

- **圖元群組顯示模式**：可控制在選擇圖元群組時，會顯示哪一個圖元掣點。

- **選擇方塊大小**：定義選擇方塊的顯示大小（指標用於選擇圖元）。

4.7 掣點

指令TIPS 掣點

- 功能區：**管理→自訂→選項→使用者偏好→草稿選項→圖元選擇→圖元掣點選項、色彩、大小**
- 指令：**ENTITYGRIPS**

⬢ **圖元掣點選項**

- **啟用圖元掣點 (EGRIPS)**：顯示圖面中圖元的圖元掣點。
- **在圖塊中啟用圖元掣點**：顯示圖塊中每個圖元的圖元掣點。
- **啟用圖元掣點提示**：顯示圖元掣點工具提示。
- **設定圖元掣點顯示限制**：指定在顯示圖元掣點時一次最多可顯示圖元的數目。

⬢ **圖元掣點色彩**

- **使用中的圖元掣點**：設定當您按一下圖元掣點時，該圖元掣點的色彩。
- **非啟用的圖元掣點**：設定當您將某個圖元加入已啟用圖元掣點的選擇集時，其圖元掣點的色彩。
- **滑鼠停留圖元掣點**：設定當滑鼠指標在圖元掣點上移動時，圖元掣點的色彩。

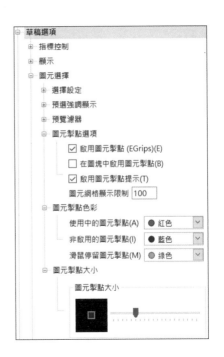

⬢ **圖元掣點大小**

- **圖元掣點大小**：設定圖元掣點的顯示大小。

⬢ **使用圖元掣點修改**

　　掣點是實心、顏色如上圖所示的小正方形，位於端點、中心、頂點、插入點及圖元的其他幾何點位置，在沒有指令使用中時，用指標選擇圖元後，圖元會在控制點上顯示掣點，您可以選擇並拖曳掣點，將圖元的定義點拖曳至新的位置（伸展），或是移動、旋轉、縮放、鏡射或複製整個圖元。

若要使用掣點，先選擇圖元後，再依據需求的動作（如**移動**或**伸展**）選擇圖元的掣點，然後移動十字游標來調整圖元。

您也可以選擇掣點後，按**Enter**或**空白鍵**來循環檢視這些模式。

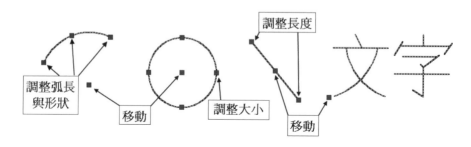

指令：
伸展
選項：基準點(B),複製(C),復原(U),結束(X)或
伸展點»
MOVE
選項：基準點(B),複製(C),復原(U),結束(X)或
移動點»
MIRROR
選項：基準點(B),複製(C),復原(U),結束(X)或
第二個點»
ROTATE
選項：基準點(B),複製(C),復原(U),結束(X)或
旋轉角度»
SCALE
選項：基準點(B),複製(C),復原(U),結束(X)或
縮放係數»

4.8 練習題

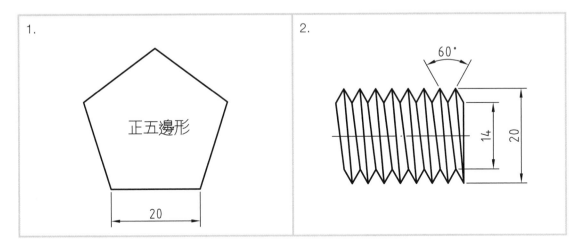

● **半徑標註** ⊘

半徑標註量測圓或弧的半徑值，並在半徑值前面加上R字母，相關說明請參閱11.8節。

● **直徑標註** ⊘

直徑標註量測圓的直徑值，並在直徑值前面加上直徑符號∅，相關說明請參閱11.7節。

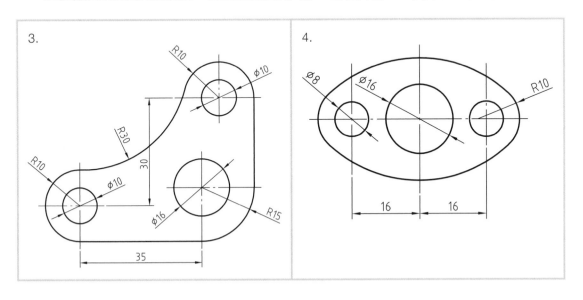

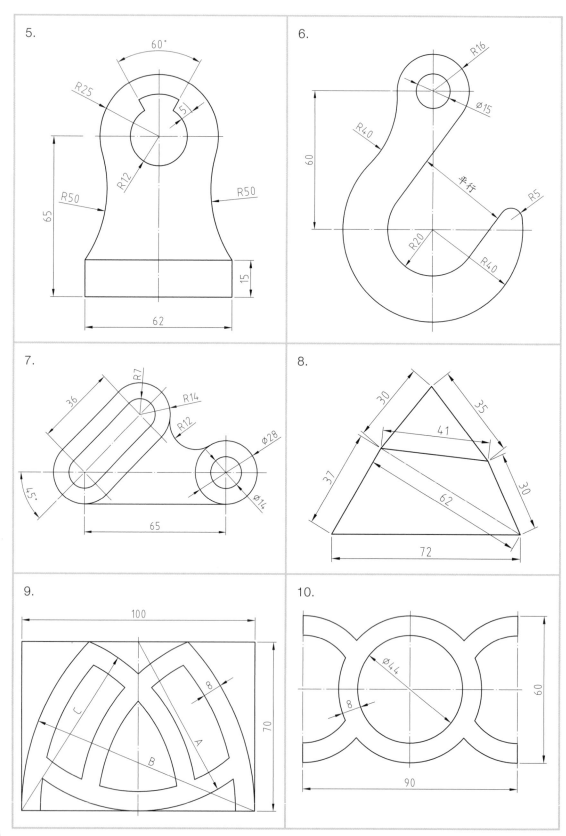

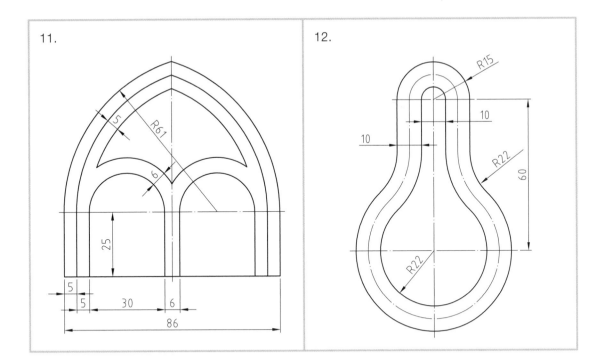

11.

12.

NOTE

05

線條樣式與複製排列

 順利完成本章課程後,您將學會:

- CNS 3 線條樣式
- 線條樣式
- 線條寬度
- 線條色彩
- 屬性塗貼器
- 關聯複製排列
- 編輯複製排列

5.1 CNS 3 線條樣式

在「**線條型式**」中，CNS 3中規定線條之種類、粗細及用途如下：

種類	式樣	粗細	畫法	用途
實線	————————	粗	連續線	可見輪廓線、圖框線等
	————————	細	連續線	尺度線、尺度界線、指線、剖面線，圓角消失之稜線、旋轉剖面輪廓線、作圖線、折線、投影線、水平面等
	∿∿∿∿		不規則連續線（徒手畫）	折斷線
	───〜───		兩相對銳角高約為字高（3mm），間隔約為字高6倍（18mm）	長折斷線
虛線	– – – – – –	中	線段長約為字高（3mm），間隔約為線段之1/3（1mm）	隱藏線
鏈線	—·—·—·—·—	細	空白之間格約為1mm，兩間隔中之小線段長約為空白間格之半（0.5mm）	中心線、節線、基準線等
	—·—·—·—·—	粗		表面處理範圍
	⌐·—·¬	粗/細	兩端及轉角之線段為粗，其餘為細，兩端粗線最長為字高2.5倍（7.5mm），轉角粗線最長為字高1.5倍（4.5mm）	割面線
兩點鏈線	—··—··—	細	空白之間格約為1mm，兩間隔中之小線段長約為空白間格之半（0.5mm）	假想線

5.2 線條樣式

- 功能區：**首頁→屬性→線條樣式→其他**
- 功能表：**格式→線條樣式**
- 指令：**LINESTYLE**

在**線條樣式**對話方塊中，載入與選擇要使用在目前使用中的工程圖線段的線條樣式。

5.2.1　線條樣式檔案格式

線條樣式定義檔案儲存於使用.lin副檔名的ASCII文字檔中，系統預設的線條樣式檔案皆位於**管理→選項→檔案位置→工程圖支援→線條樣式檔案**資料夾中，其中inch.lin用於英制單位，mm.lin用於公制單位，您可以使用**記事本**編輯。

「C:\Users\使用者名稱\AppData\Roaming\DraftSight\版本編號\Linestyles」

線條樣式檔案中線條樣式格式設定如下：

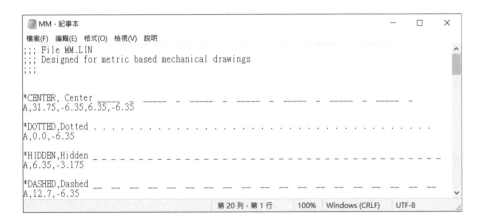

```
;註解前面以「；」為開頭
*CENTER, Center _____ _ _____ _ _____ _ _____ _
A,31.75,-6.35,6.35,-6.35
*HIDDEN,Hidden _ _ _ _ _ _ _ _ _ _ _ _ _ _ _ _ _ _ _
A,6.35,-3.175
```

在線條樣式檔案中，每種線條樣式均使用兩行來定義，第一行包含**線條樣式名稱**與**描述**，並以逗號隔開；第二行定義實際線條樣式的字碼。

線條樣式名稱必須以星號 "*" 開頭，並為此線條樣式的唯一名稱；**描述**有助於在編輯線條樣式檔時將線條樣式視覺化，描述也會顯示在**線條樣式**對話方塊中，如下表。

線條樣式名稱	描述
*CENTER	Center _____ _ _____ _ _____ _ _____ _
*HIDDEN	Hidden _

第二行必須以字母 A 開始，每個字碼以逗號隔開 (A,31.75 ,-6.35)，前面的**正數**為圖面單位長度的線段（如31.75）；**負數**為圖面單位長度的空格（-6.35），0 表示圓點，此樣式會延續至線段的總長度，上列兩種線條樣式繪製後結果如下。

5.2.2　修改線條樣式檔設定

製圖標準的線條種類對應線條樣式名稱如下：

線條種類	載入的線條樣式
實線、連續線	連續
中心線、細鏈線、一點鏈線	CENTER
虛線、隱藏線	HIDDEN
二點鏈線、假想線	PHANTOM

雖然在 mm.lin 線條樣式檔案內的 CENTER 線條樣式較接近一點鏈線，但是其中間空格與橫線，並非 CNS 標準的短橫線 0.5mm，因此您可以開啟線條樣式檔案後，直接修改並

儲存，使CENTER線條樣式符合CNS標準的中心線樣式，直線長度約15-20mm，空格約1mm，橫點約0.5mm，修改後之樣式如下：

原始字碼	*CENTER,Center ＿＿＿＿ ＿ ＿＿＿ ＿ ＿＿＿ ＿ ＿＿＿ ＿ ＿＿＿ ＿ ＿＿＿ ＿ ＿＿ A, 31.75, -6.35, 6.35, -6.35
修改後	*CENTER,Center ＿＿＿＿ · ＿＿＿ · ＿＿＿ · ＿＿ · ＿＿＿ · ＿＿ · ＿＿ A, 15, -1, 0.5, -1

CNS虛線線段長約為3mm，空格為線段的1/3，因此修改HIDDEN虛線用的線條樣式如下：

修改後	*HIDDEN,Hidden ＿＿ ＿＿ ＿＿ ＿＿ ＿＿ ＿＿ ＿＿ ＿＿ ＿＿ ＿＿ A, 3, -1

CNS的假想線線段長約為15-20mm，空格1mm，短線段為空格的1/2，因此修改PHANTOM假想線用的線條樣式如下：

修改後	*PHANTOM,Phantom ＿＿＿＿＿ ＿＿ ＿＿ ＿＿＿＿＿ ＿＿ ＿＿ ＿＿＿＿＿ A, 20, -1, 0.5, -1, 0.5, -1

5.2.3 載入標準檔線條樣式

按**載入**，在**載入線條樣式**對話方塊中，在mm.lin線條樣式檔案中可用的線條樣式列表下，按住CTRL鍵選擇不連續的數個線條樣式，或按SHIFT鍵選擇連續的數個線條樣式，這裡選擇中心線要用的CENTER、虛線要用的HIDDEN與假想線要用的PHANTOM共3種線條樣式，按**確定**。

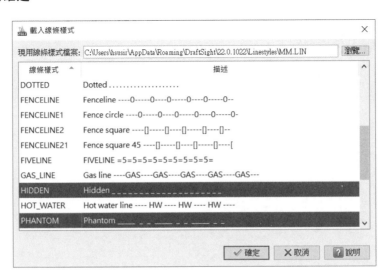

按**載入→瀏覽**，系統預設可用的線條樣式檔案有兩個inch.lin與mm.lin。

因為此兩個線條樣式檔案設定線條樣式的參數不同，因此原始比例大小並不適用，本書雖然使用公制mm.lin，但您必須在**整體直線比例**內輸入相對應的比例係數，以符合CNS或貴公司標準所用，若已改線條樣式長度CNS格式，則整體比例設為1，若維持原始設定，則約設為0.3。

指令TIPS 行為

- 功能區：**管理→選項→工程圖設定→行為**
- 指令：**LTSCALE(LTS)**

- **整體直線比例**：為顯示的線條樣式設定縮放係數，此選項在進行縮放時十分有用。

- **新圖元的直線比例**：為新圖元設定圖元直線比例。所有圖元直線比例的顯示，是以整體直線比例乘以圖元直線比例的結果為準。

- **根據圖頁的單位縮放**：將視埠的自訂比例乘以新圖元的直線比例的估計值。

5.2.4 自訂線條樣式檔

當您修改標準線條樣式檔時，若系統更新或是重新安裝DraftSight，則線條樣式必須重新修改，因此您可以使用自訂的線條樣式檔案，以方便備份與載入。

開啟記事本，依標準格式輸入，鍵入中心線、虛線與假想線的線條樣式，存檔為cns.lin（注意副檔名需改txt為lin）並儲存至標準線條樣式檔的目錄中，或者您自訂的目錄中。

cns.lin線條樣式檔內容如下：

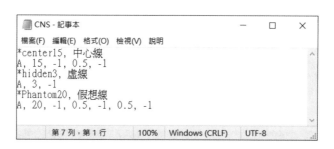

5.2.5 載入自訂檔線條樣式

按**載入**，再按**瀏覽**，再從資料夾中選擇前面所建立的自訂線條樣式檔 cns.lin，選擇全部的線條樣式，按**確定**，載入的線條樣式如下圖。

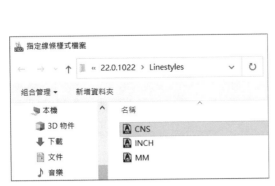

5.2.6 線條樣式控制

ByLayer（依圖層）：表示圖元指定給特定圖層內設定的線條樣式（請參閱10.1節）。

ByBlock（依圖塊）：表示圖元採用**連續**線條樣式，直到它被分組到圖塊中，任何時候插入圖塊時，所有的圖元都繼承圖塊的線條樣式。

◈ **刪除**

ByLayer、ByBlock和**連續**線條樣式為預設值不能被刪除，設定在圖層中的線條樣式也不能刪除，您只能刪除未使用的線條樣式，但是被刪除的線條樣式定義仍會儲存在線條樣式檔中，您可以隨時重新載入。

◈ **圖元比例變更**

選擇已繪製好的圖元之後，再從**屬性調色盤**的**比例**框中輸入放大（>1）或縮小（<1）的比例。

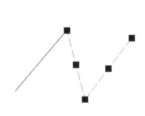

◆ **圖元線條樣式變更**

1. 當您在圖層管理員中事先指定好線條樣式後，在指定圖層繪製的圖元都會以此線條樣式呈現，但是若有特別需變更樣式的線條，則可以用下面方式處理。

2. 選擇已繪製好的圖元之後，再從**便利顯示工具列**裡選擇線條樣式或變更圖層。

5.3 線條寬度

- 功能區：**首頁→屬性→線條寬度** ≣
- 功能表：**格式→線寬**
- 指令：**LINEWEIGHT**

使用**線寬**指令可以設定新圖元的線寬，當您在進行縮放時，圖元的線寬並不會改變，線寬雖然代表實際的單位，但在列印時只有1:1才精準，使用其他比例時，會跟著圖面大小調整。

本書圖面皆不使用線寬控制，線條樣式線寬控制留至列印時，再從**列印樣式表格**中設定畫筆、線條顏色與線條寬度。

- **ByLayer（依圖層）**：根據現用圖層的線寬設定線寬，依圖層可讓您為不同的圖層設定不同的線寬。

- **ByBlock（依圖塊）**：將新圖元的線寬設定為預設線寬，直到您將新圖元包括在圖塊中。

- **預設**：將線寬設定為預設線寬，如果您變更了預設線寬（請參閱右圖），使用預設線寬產生的圖元會進行調整。

- **在圖面中顯示寬度**：用以在圖面身中檢視實際線寬或只顯示細線模式。

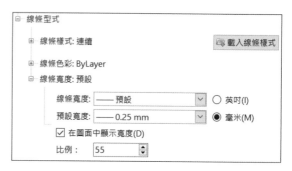

你也可以從**選項→草稿樣式→使用中的草稿樣式→線條型式**中設定。

5.4　線條色彩

指令TIPS　線條色彩

- 功能區：**首頁→屬性→色彩** ◈
- 功能表：**格式→線條色彩**
- 指令：**LINECOLOR**

　　決定色彩時，您可以直接使用**線條色彩**對話方塊，從標籤內選擇一種色彩，或透過圖層在工程圖圖元中指定色彩，或使用LineColor指令決定新圖元的色彩。

◉ **標準色彩：包含 255 種常用色彩。您也可以按一下：**

- **相符至圖層**：新圖元使用的色彩與指定給產生該圖元的圖層的色彩相同。
- **相符至圖塊**：新圖元會以黑色或白色顯示（視螢幕背景色彩而定），如果包括在圖塊定義中，該圖元會使用圖塊色彩。

◉ **自訂色彩：包含種類繁多的色彩，您可以在其中指定RGB或HSL值。**

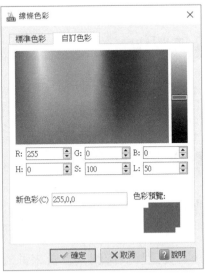

提示　建議您將色彩屬性設定為相符至圖層（依圖層）。

變更現有工程圖圖元的色彩，有以下方式：

1. 在**屬性調色盤**中變更色彩屬性。

2. 在圖面中選擇工程圖圖元，再至屬性工具列的線條色彩控制中，選擇一種色彩。

3. 使用 ModifyProperties 指令。

製圖標準中建議的線條顏色如下表：

常用顏色的分類	
紅色1	文字
黃色2	中心線、細鏈線、假想線
綠色3	尺度線、尺度界線
青色4	剖面線、斷裂線
藍色5	圖框線
洋紅色6	虛線
黑色7（白色7）	實線（連續線）、粗鏈線

5.5 屬性塗貼器

指令TIPS 屬性塗貼器

- 功能區：**首頁→屬性→屬性塗貼器**
- 快速存取工具列：**屬性塗貼器**
- 功能表：**修改→屬性塗貼器**
- 指令：**PROPERTYPAINTER**

屬性塗貼器指令可套用一個圖元的屬性至其他圖元上，您可以複製所有或選擇的屬性。所有適用的屬性都會進行複製，除非您使用**設定**選項，指定只針對特定屬性進行複製。

複製時，只要選擇要複製其性質來源的圖元後，再選擇要被套用性質的目的地圖元即可。

指令：PROPERTYPAINTER
指定來源圖元»：用選擇圖元方式選擇來源圖元
選項：設定(S)或
指定目的地圖元»：用選擇圖元方式選擇目的地圖元套用新的屬性，或輸入S後按Enter

⬡ 設定(S)

在屬性塗貼器對話方塊中，選擇要複製的屬性、或清除不要複製的屬性，再按確定，依預設會選擇除列印樣式之外的所有基本屬性。

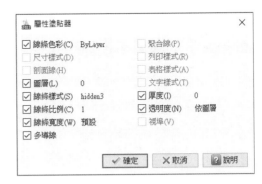

5.6 關聯複製排列

指令TIPS 複製排列 🔍

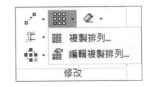

* 功能區：**首頁→修改→複製排列** ⠿
* 功能表：**修改→複製排列**
* 指令：**PATTERN**

複製排列可用來建立關聯或非關聯圖元的指定圖元副本，並以環狀複製排列、線性複製排列或沿路徑複製排列的方式顯現。在複製排列對話方塊中會顯示三個標籤（**環狀**、**線性**和**路徑**），複製排列圖元時，可以勾選關聯或不勾選關聯。

複製排列的圖元會繼承原始圖元的所有屬性，例如圖層、線條色彩、線條樣式和線寬。

關聯複製排列（Professional、Premium、Enterprise&Enterprise Plus）可以產生關聯和非關聯圖元副本。關聯複製排列中的圖元會保留其關係，並可讓您進行整體編輯。使用**編輯複製排列**指令時，選擇關聯複製排列的圖元，或在關聯複製排列的圖元上快點兩下，系統會自動顯示**編輯複製排列**對話方塊，而非關聯的圖元只能在圖面中變更個別項目，並且不會影響到其他副本項目。

5.6.1　環狀複製排列

環狀複製排列是透過環繞指定的中心點（**軸點**），環狀複製排列所選圖元來建立圖元的副本。軟體會根據指定軸點與指定圖元上基準點之間的距離，決定環狀複製排列的半徑。此外，您可以在其複製排列時旋轉副本，或者維持與來源圖元的對正。

複製排列圖元位置的方式，有「**之間角度及元素總數**」、「**填補角度及元素之間角度**」、「**填補角度及元素總數**」。

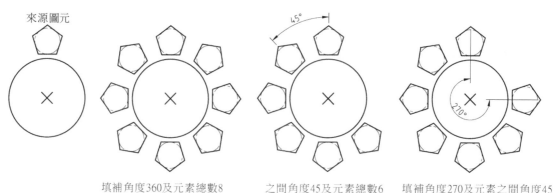

填補角度360及元素總數8　　　之間角度45及元素總數6　　　填補角度270及元素之間角度45

◈ 建立環狀複製排列步驟

STEP 1 在對話方塊的複製排列類型下，選擇**環狀**。

STEP 2 按**指定圖元** ，選擇要產生複製排列的來源圖元，再按Enter鍵完成選擇。對話方塊會在您選擇圖元時暫時消失。在對話方塊中，所指定圖元的集合會稱為元素。

STEP 3 在**設定**下設定：

- 勾選**關聯**：建立可編輯的關聯複製排列。

- **複製排列基於**：選擇一個選項，**之間角度與元素總數、填補角度及元素之間角度、填補角度及元素總數**。

- **之間角度**（如需要的話）：指定複製排列圖元的基準點與複製排列中心之間的夾角。

- **填補角度**（如需要的話）：鍵入一個正值或負值，不可使用零值，或按**選取要填補的角度** ，以水平線為基準選擇角度。預設填補的角度是360°（全圓）。

- **總數**（如需要的話）：指定環狀複製排列中產生的副本數（包含來源）。

- **層級**：為指定3D環狀複製排列中的層級數，本書目前不討論3D。

- **列**：用以指定環狀複製排列中的列數，如右圖為兩列的環狀複製排列。**列之間的間距**為列之間的距離。

STEP 4 按**選取中心點** ，選擇圓中心點作為軸點（複製排列中心點），或鍵入X和Y值。

STEP 5 取消勾選**使用上一個所選的圖元**，按**選取基準點** ，以在圖面中指定**元素基準點**）。

STEP 6 勾選**繞軸定向元素**，以在產生複製排列時旋轉副本。

STEP 7 按**預覽**，按下ESC以返回至對話方塊再按**確定**，或按右鍵接受複製排列。

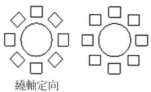

繞軸定向

5.6.2 線性複製排列

線性複製排列建立的副本數量依指定的**垂直軸元素數目**和**水平軸元素數目**相乘而定，水平軸是沿著水平方向，垂直軸則由**複製排列角度**（預設90度）方向而定，**水平軸元素間距**沿著X軸右側移動（負數向左）；**垂直軸元素間距**則沿著Y軸上方移動（負數向下）。

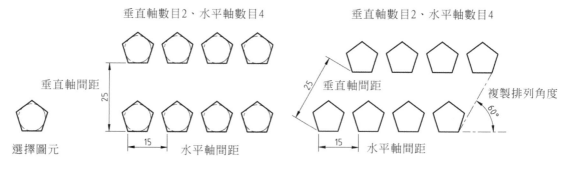

◆ **建立線性複製排列步驟**

STEP 1 在對話方塊的複製排列類型下，選擇**線性**。

STEP 2 按**指定圖元** ，選擇要產生複製排列的來源圖元，再按Enter鍵完成選擇。對話方塊會在您選擇時圖元暫時消失。在對話方塊中，所指定圖元的集合會稱為元素。

STEP 3 取消勾選**使用上一個所選的圖元**，按**選取基準點** 📷，以在圖面中指定**元素基準點**。

STEP 4 針對水平軸和垂直軸，鍵入副本的數目。

STEP 5 **層級**為指定3D線性複製排列中的層級數，本書目前不討論3D。

STEP 6 針對**下列圖元上的元素間距**，定義副本之間的間距和複製排列的角度：

- **水平軸**：輸入欄間距，或按**選擇欄偏移** ⟋，在工程圖中選擇兩點用作間距，如果欄偏移是負值，欄會往左加入。

- **垂直軸**：輸入列間距，或按**選擇列偏移** ⟋，在工程圖中選擇兩點用作間距，如果列偏移是負值，列會往下加入。

- **複製排列角度**：指定控制欄副本排列的角度，或按**選擇角度** ◺，使用指標指定角度。

STEP 7 按**預覽**，按下ESC以返回至對話方塊再按**確定**，或按右鍵接受複製排列。

5.6.3 路徑複製排列

路徑複製排列沿著路徑圖元複製指定圖元的副本，複製的圖元會繼承原始圖元的所有屬性，例如圖層、線條色彩、線條樣式和線寬。路徑可以是直線、聚合線、圓弧、圓、橢圓或不規則曲線。

路徑複製排列沒有關聯。

複製排列1：間距與元素總數，距離12、總數9、列計數1、勾選將元素對正路徑。

基準點

複製排列 **2**：平均分割、總數 **10**、列計數 **2**、距離 **-20**，不勾選**將元素對正路徑**。

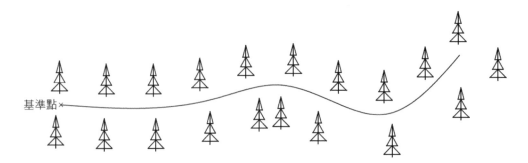

基準點

◆ **建立路徑複製排列步驟**

STEP 1 在對話方塊的複製排列類型下，選擇**路徑**。

STEP 2 按**指定圖元** 🔲，選擇要產生複製排列的來源圖元，再按 Enter 鍵完成選擇。對話方塊會在您選擇圖元時暫時消失。在對話方塊中，所指定圖元的集合會稱為元素。

STEP 3 按**指定路徑** 🔲，選擇要產生複製排列，且可沿著其對正所指定圖元的路徑。

STEP 4 設定：

- **間距與元素總數**：以指定的間隔或指定的總數沿路徑分配副本，如果計算出來的複製排列長度超出路徑長度，則會減少副本總數。

- **平均分割**：沿著路徑的總長度平均分配該數目的副本。

- **平均量測**：沿著路徑以您指定的間隔分配副本。

- **距離**（如需要的話）：指定複製排列副本之間的間隔，按**指定元素間的距離** 🔧，以在圖面中選擇兩點用作距離。

- **總數**（如需要的話）：指定路徑複製排列中產生的副本數（包含來源）。

STEP 5 必要時，取消勾選**使用上一個所選的圖元**，按**選取基準點** 🔲，以在圖面中指定**元素基準點**。

STEP 6 在**列**下設定**計數**，指定複製排列副本的列數，與**距離**，指定列之間的距離。如果距離為負值，列會往下加入。距離也可以按**指定元素間的間距** 🔧，在工程圖中選擇兩點用作距離。

STEP 7 在**元素對正**下設定：

- 勾選**將元素對正路徑**：將每個複製的圖元副本相切對正路徑方向，否則複製的圖元會維持來源圖元的方位。

- **指定相切方向** 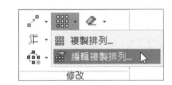：在圖面中指定兩點，代表副本相對於路徑的相切。

- **移除相切方向**：用以清除您先前指定的相切方向。

- **角度**：指定副本相對於指定相切方向的旋轉角度。

STEP 8 按**預覽**，按下 ESC 以返回至對話方塊再按**確定**，或按右鍵接受複製排列。

5.7 編輯複製排列

指令TIPS 編輯複製排列

- 功能區：**首頁→修改→編輯複製排列** 🖩
- 功能表：**修改→編輯複製排列**
- 指令：**EDITPATTERN**

當複製排列對話方塊的**環狀**或**線性**標籤中，在設定下已選擇**關聯**，則複製排列圖元為為關聯式，關聯式的圖元會保留其關係，並可讓您進行整體編輯，而不是在複製排列圖元中變更個別項目。

要編輯時，您可以直接選擇圖元，使用特定的圖元掣點和屬性調色盤來編輯關聯複製排列。或使用**編輯複製排列**指令，在圖面中指定關聯複製排列（環狀或線性），修改圖元設定、編輯來源圖元，或選擇其他元素來取代來源圖元。

- **編輯來源**：按一下**在圖面中選擇** 🔲，指定其中一個複製排列元素作為要修改的來源圖元，完成時，可按功能區的**關閉** ✖，使用 ClosePattern 指令完成編輯來源圖元後，再按儲存。

- **取代元素**：選擇新的來源元素，取代複製排列元素中被指定副本，可以一個或多個。

指定取代元素»：選擇新的來源元素

指定取代元素的基準點»：指定新來源元素的基準點

指定複製排列中要取代的元素»：從複製排列中選擇要被取代的副本

指定複製排列中要取代的下一個元素或輸入以繼續。»：繼續選擇副本或按Enter給束選擇

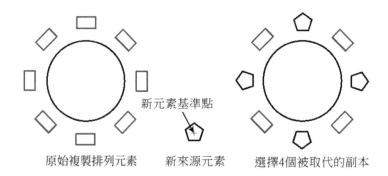

原始複製排列元素　　新來源元素　　選擇4個被取代的副本

- **重設 (T)**：移除任何元素取代，並恢復為原始的複製排列元素。

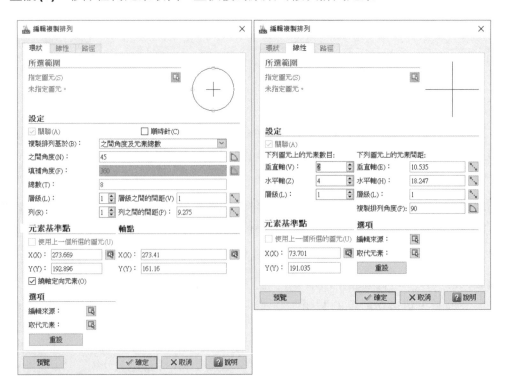

5.8 | 練習題

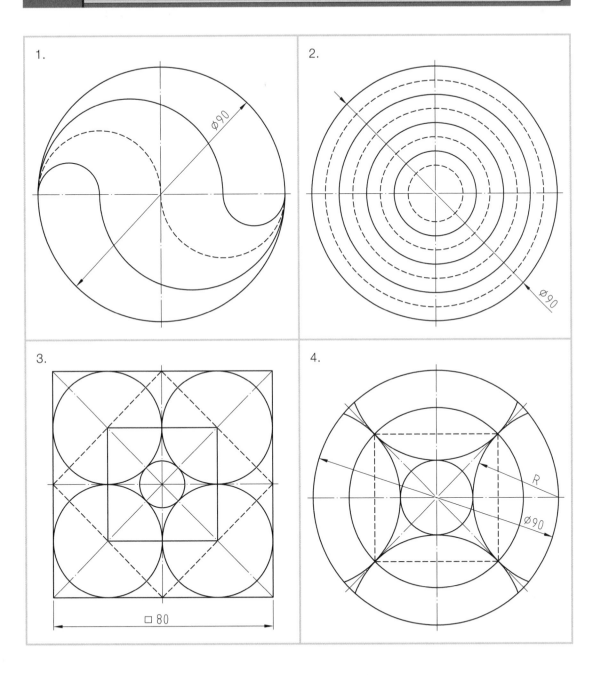

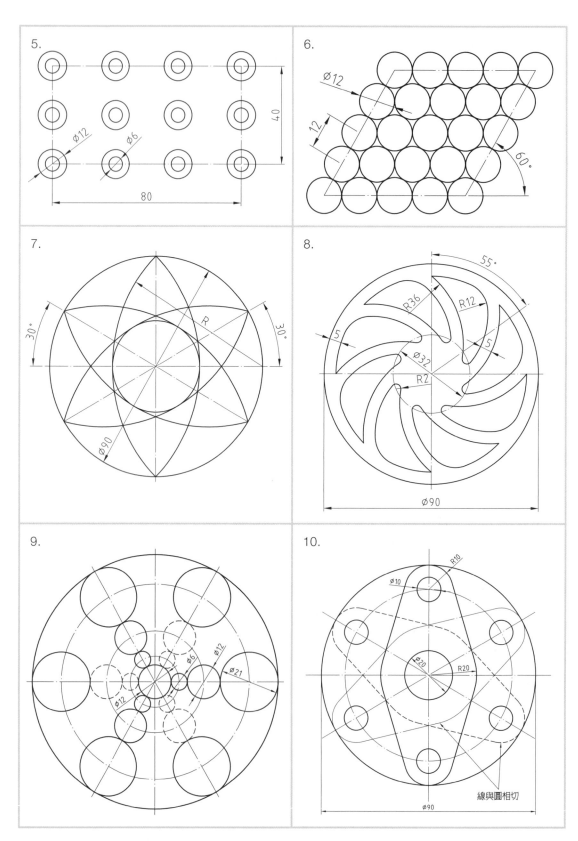

11.

12.

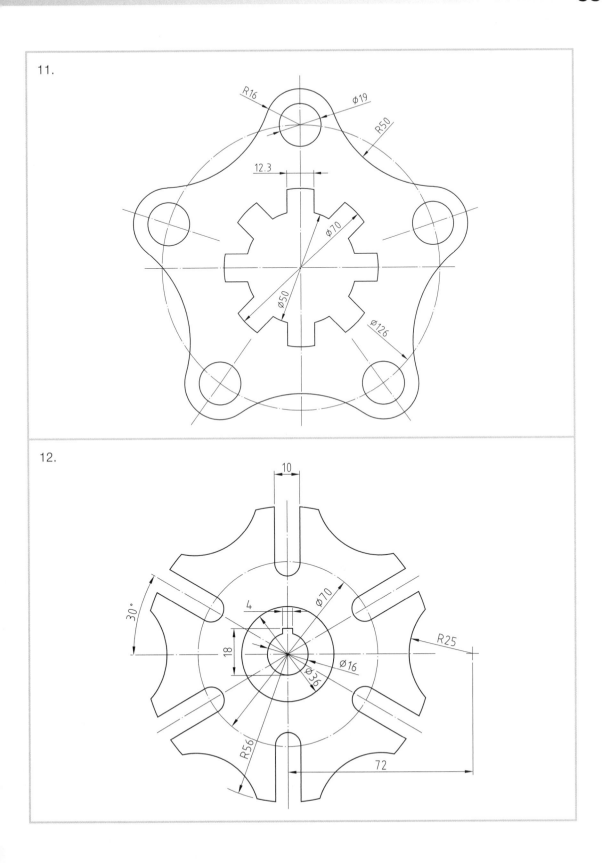

NOTE

06

多邊形、複製與移動

 順利完成本章課程後,您將學會:

- 多邊形
- 複製到剪貼簿、從剪貼簿貼上
- 複製
- 移動
- 延伸
- 爆炸

6.1 多邊形

指令TIPS 多邊形 🔍

	◈ ▾ ⊘ ▾ ▢
	◈ 聚合線
	▱ 矩形
	○ 多邊形
	◎ 圓環
	▤ 3D 聚合線

- 功能區：**首頁→繪製→聚合線下拉選單→多邊形** ◯
- 功能表：**繪製→多邊形**
- 指令：**POLYGON(POL)**

　　多邊形的指令可建立一個介於3~1024 條等長邊的封閉聚合線圖元，此多邊形為等邊，大小依內接或外切圓的半徑而定，也可以直接指定邊長的大小。

指令：POLYGON 預設：5 指定邊線數目»：輸入一個介於3~1024 間之值 選項：邊長度(S)或 指定中心點»：點選中心點 預設：角落(CO) 選項：角落(CO)或邊(S) 指定距離選項»：輸入CO或S，或按Enter使用預設 指定距離»：輸入半徑或在圖面中指定一個點以定義半徑
指令：POLYGON 預設：5 指定邊線數目» 選項：邊長度(S)或 指定中心點»：輸入S按Enter 指定起點»：指定起點 指定邊長度»：指定第2點為長度，或輸入長度後按Enter

- **角落 (CO)**：將多邊形封閉在圓之中，圓與多邊形接觸於多邊形的角落（內接）。

- **邊 (S)**：將圓封閉在多邊形之中，多邊形與圓接觸於多邊形的邊（外切）。

- **邊長度 (S)**：指定多邊形的邊線長度以定義邊形。

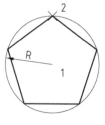
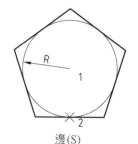

角落(CO)　　　　邊(S)　　　　邊長度(S)

6.2 複製到剪貼簿、從剪貼簿貼上

指令TIPS 複製、貼上

- 功能表：**編輯→複製、編輯→貼上**
- 鍵盤捷徑：**Ctrl + C、Ctrl + V**

　　為了將圖元從某個工程圖複製到其他工程圖，您可以使用 **Ctrl+C** 將所選圖元從工程圖複製，使保留在作業系統剪貼簿中，再用 **Ctrl+V** 指令將圖元從剪貼簿貼至開啟的工程圖中。

6.3 複製

指令TIPS 複製

- 功能區：**首頁→修改→複製**
- 功能表：**修改→複製**
- 指令：**COPY(CP)**

　　複製指令可複製所選圖元至指定方向的距離處，複製的圖元包括所有的圖元屬性，例如圖層、線條色彩、線條樣式、線寬，以及圖元的外框。

　　依據您的選擇，複製執行一次指令可以複製多個圖元副本，基準點與指定的第二點連線為複製圖元的距離及方向。此外，您可以用線性複製排列產生特定副本數。

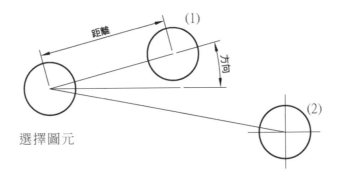

> 提示　複製（Copy）指令會將工程圖中的圖元從指定的基準點複製到工程圖內的目標點，但不會複製到剪貼簿中。

```
指令：COPY
使用中設定：複製到使用中的圖層＝關閉
指定圖元»：使用圖元選擇方式選擇圖元，並在完成選擇後按 Enter
預設：使用中的圖層(L)
選項：位移(D),使用中的圖層(L) 或
指定來源點»：指定基準點
選項：複製排列(P),按 Enter 來使用第一個點作為位移或
指定第二個點»：為副本指定位移點，兩個點會定義位移向量，或輸入 P 按 Enter，建立
線性複製排列
指定第二個點»：按 Enter，完成複製圖元。
```

- **位移 (D)**：輸入 X、Y 位移值來指定副本的相對位置。

- **使用中的圖層 (L)**：指定使用中的圖層選項，將圖元強制放置在使用中圖層，然後指定目的地點。

- **複製排列 (P)**：將指定個數的副本排列在線性陣列中。

```
指定第二個點»_Pattern
預設：5
指定要複製排列的元素數目»：輸入新複製排列的數目
預設：擬合(F)
選項：擬合(F),結束(E),復原(U) 或
指定第二個點»：在圖面上指定點，兩個點會定義位移向量，每個副本位移向量皆相同
預設：複製排列(P)
選項：複製排列(P),結束(E),復原(U) 或
指定第二個點»：按 Enter，完成複製圖元。
```

- **擬合 (F)**：將複製排列中的最後一個副本放置在指定的位移點上（第二個點），其他副本則以線性複製排列方式平均放置在來源和最後一個副本之間。

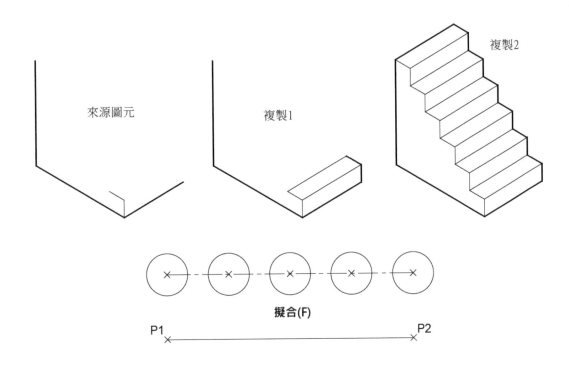

來源圖元　　　　　　　複製1　　　　　　　複製2

擬合(F)

P1　　　　　　　　　　　　　P2

6.4　移動

- 功能區：**首頁→修改→複製下拉選單→移動**
- 功能表：**修改→移動**
- 指令：**MOVE(M)**

　　移動指令可移動所選圖元至指定方向的距離處，或使用圖元抓取，移動到指定點上，不會變更圖元的方向或大小。

　　基準點與指定的第二點連線為移動圖元的距離及方向。

```
指令：MOVE
指定圖元»：使用圖元選擇方式選擇圖元，並在完成選擇後按Enter
預設：位移(D)
選項：位移(D)或
指定來源點»：指定圖元的移動基準點
```

選項：按 Enter 來使用來源點作為位移或
指定目的地 »：指定移動位置點

- **按 Enter 來使用來源點作為位移**：以原點至來源點為移動的位移。
- **位移 (D)**：輸入 X、Y 位移值來指定副本的相對位置。

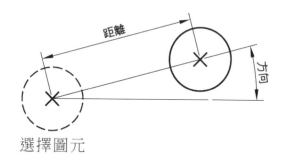

選擇圖元

6.5 延伸

指令TIPS 延伸

- 功能區：首頁→修改→強力修剪下拉選單→延伸 ⊤
- 功能表：修改→延伸
- 指令：**EXTEND(EX)**

延伸指令用做延長部份圖元至所選圖元的邊界邊線上與之相接，讓您能夠精確閉合多邊形或是延伸至適當的邊界邊線。繪製的圖元在延伸時，方向不會改變。直線會維持為直線，圓弧會維持為圓弧。

指令：EXTEND
使用中設定:投影=CCS，邊線=無
指定邊界邊線 ...
選項：按 Enter 來指定所有圖元或
指定邊界邊線»：按 Enter、或選擇圖元，被選擇的圖元將作為要延伸圖元的邊界邊線。
選項：交錯(C),交錯線(CR),投影(P),邊線(E),擦掉(R),復原(U),柵欄(F),Shift+ 選擇來修剪或
指定要延伸的線段»：選擇要延伸的圖元，或按住 Shift 後再選擇要修剪的圖元，或輸入選項。

- **邊界邊線**：按 Enter 來指定所有圖元作為邊界邊線，或選擇圖元定義要延伸圖元的邊界邊線。

- **交錯 (C)**：繪製矩形框選擇圖元，由右向左選擇時，在矩形內部以及與矩形交錯的圖元皆被選擇延伸，由左向右選擇時，只在矩形內部的圖元被選擇延伸。

- **交錯線 (CR)**：使用柵欄選擇方法延伸選取的工程圖圖元。

- **投影 (P)**：將投影模式設定為CCS（使用中的自訂座標系統之X-Y平面）、無或檢視。

```
指定要延伸的線段»：P
預設：CCS
選項：CCS,無(N)或檢視(V)
指定投影選項»：輸入選項，或按Enter
```

- **邊線 (E)**：沿著在延伸後會與圖元相交的邊界邊線進行延伸。要延伸的圖元不必實際與邊界邊線相交。若要沿著隱含的相交伸展，請在選擇邊線後選擇延伸。

```
預設：無延伸(N)
選項：延伸(E)或無延伸(N)
指定邊線選項»：輸入選項，或按Enter
```

- **擦掉 (R)**：刪除不需要的圖元但不結束延伸指令，功能與**刪除**指令相同。

- **復原 (U)**：取消最近的延伸操作。

- **柵欄 (F)**：請參閱1.13節選擇圖元方法。

- **Shift+選擇**：在您按住Shift並選擇圖元，可以修剪圖元至最近圖元交會處。

選擇邊界邊線圖元　　選擇延伸圖元(不延伸)　　選擇延伸圖元(延伸)

6.6 | 爆炸

指令TIPS 爆炸

- 功能區：**首頁→修改→爆炸** 📖
- 功能表：**修改→爆炸**
- 指令：**EXPLODE(X)**

　　使用**爆炸**指令可以將複雜物件分解成其各個組成圖元。您可以爆炸圖塊以及其他複雜物件，例如聚合線、剖面線和尺寸。

　　如果您需要編輯其中一個構成複雜物件的圖元，您必須將它爆炸成數個個別的圖元。

　　註解可用爆炸指令爆炸成**簡單註解**圖元。

指令：EXPLODE
選擇圖元：選擇圖元後按Enter。

- 被選擇的圖元若非複雜物件，系統將提示「**無法爆炸 # 個圖元**」。

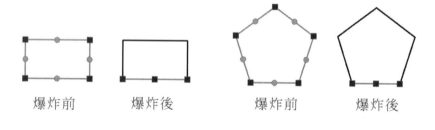

| 爆炸前 | 爆炸後 | 爆炸前 | 爆炸後 |

昨夜小樓又東風
春心泛秋意上心頭
恰似故人遠來載鄉愁

▸ 昨夜小樓又東風
春心泛秋意上心頭
恰似故人遠來載鄉愁

爆炸前　　　　　　　爆炸後

1.

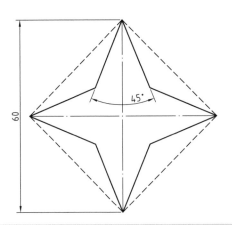

2.

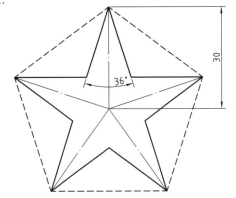

3.

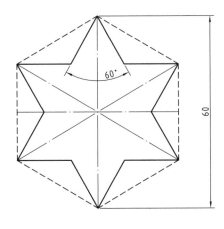

4.

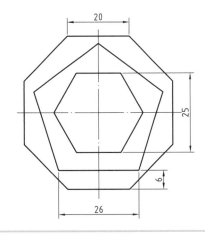

5.

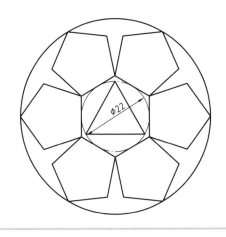

6.

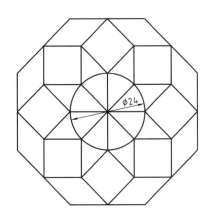

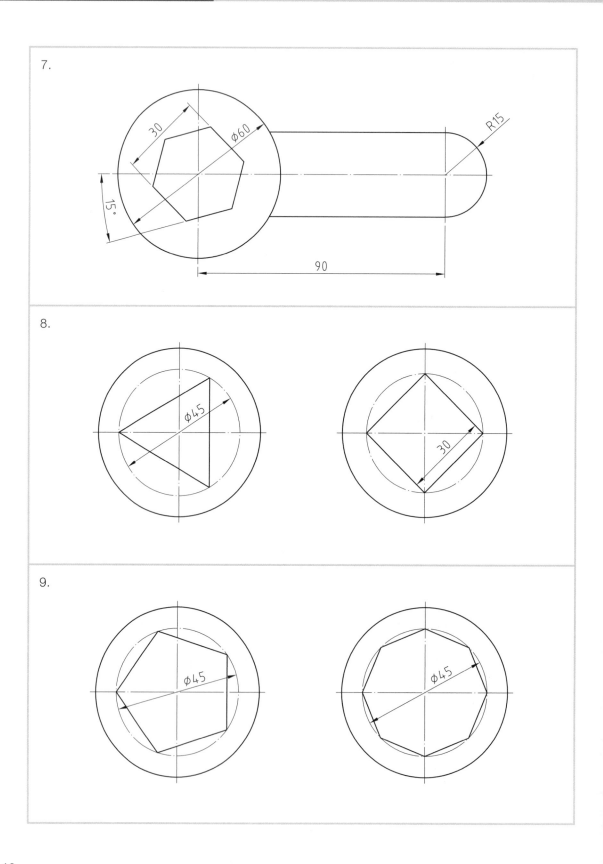

7.

8.

9.

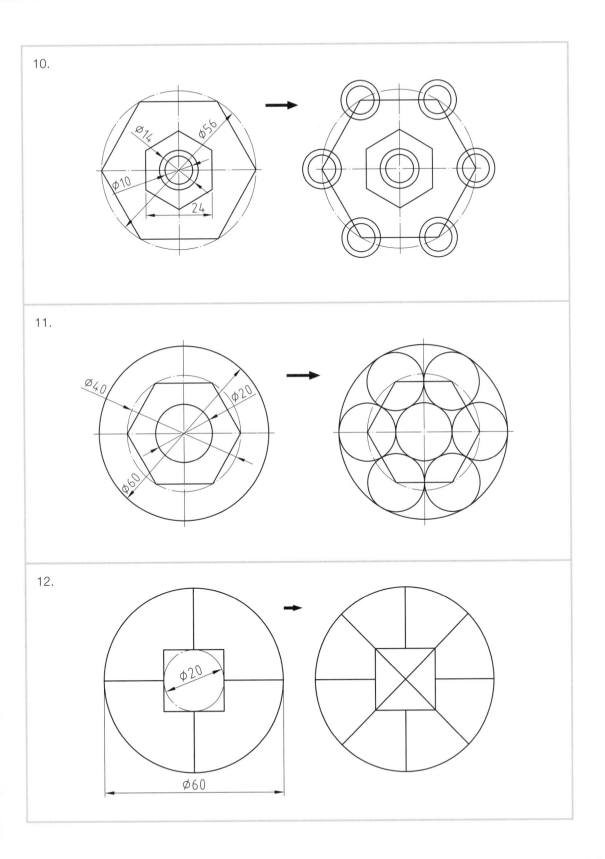

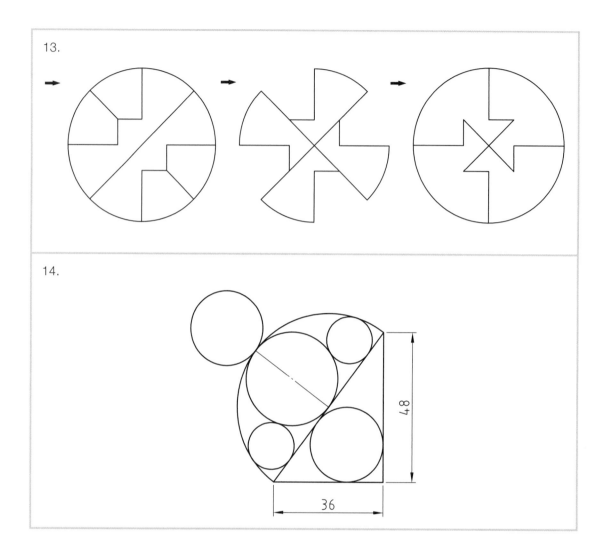

07

鏡射與修改

 順利完成本章課程後,您將學會:

- 鏡射
- 動態移動
- 屬性
- 圓角
- 導角
- 分割
- 從點分割
- 分割多個
- 熔接
- 變更長度
- 旋轉

7.1 | 鏡射

指令TIPS 鏡射

- 功能區：**首頁→修改→鏡射** ⚠
- 功能表：**修改→鏡射**
- 指令：**MIRROR(MI)**

鏡射指令用在建立對稱圖元，您可以先繪製半個圖元，再使用指定兩點的中間對稱線鏡射此圖元，而不用繪製整個圖元，鏡射後也可以選擇保留或刪除來源圖元。

指令：MIRROR
指定圖元»：使用圖元選擇方式選擇圖元後按Enter
指定鏡射線的起點»：指定點
指定鏡射線的終點»：指定點
預設：否(N)
確認：是否刪除來源圖元？
指定是(Y)或否(N)»：輸入 Y 或 N，或按Enter

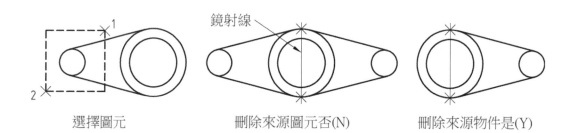

選擇圖元 　　　　 刪除來源圖元否(N) 　　　　 刪除來源物件是(Y)

7.2 動態移動

指令TIPS　動態移動

- 滾輪滑鼠：按住滾輪以便即時移動
- 功能區：**檢視→瀏覽→動態移動**
- 功能表：**檢視→移動→動態**
- 指令：**PAN(P)**

在沒有選擇圖元時，按住滾輪移動十字游標時，游標變成 🖐 符號，這時游標將鎖定目前繪圖區的位置，並依相同的移動方向來移動圖面。

您也可以慢按滑鼠右鍵以顯示捷徑功能表，再選擇 ✛ **移動**，按左鍵即可移動圖面，結束時按 ESC，或按右鍵，從捷徑功能表選擇**結束**。

7.3 屬性

指令TIPS　屬性

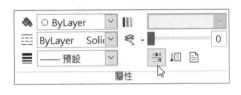

- 功能區：**首頁→屬性→屬性** 📇
- 功能表：**修改→屬性**
- 指令：**PROPERTIES(PR)**

您可以在選擇圖元後，在**屬性**調色盤內針對需要變更屬性的圖元做個別的變更，例如：線型比例、標註註解、公差等，而不受限於圖檔中的整體設定。

- 沒有選擇圖元時：**屬性**調色盤僅顯示一般圖元屬性（圖層、線條色彩、線條比例、線條樣式、線寬、透明度及超連結）。

- 只選擇一個圖元時：**屬性**調色盤顯示圖元的所有屬性，所有屬性皆可以修改。

- 選擇多個圖元時：**屬性**調色盤僅顯示所有選取圖元中的共同屬性，例如圖層、線條色彩、線條比例、線條樣式、線寬、透明度及超連結。如果所有選取圖元中的共同屬性都不一樣，則選單中的對應下拉式清單或欄位會顯示 **<< 變化 >>**。

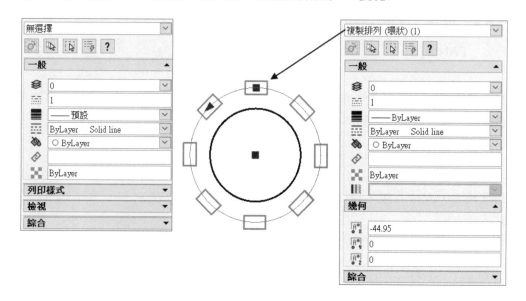

7.4　圓角

- 功能區：**首頁→修改→強力修剪下拉選單→圓角**
- 功能表：**修改→圓角**
- 指令：**FILLET(F)**

　　圓角指令是在兩條直線的交點處加入外圓角或內圓角，內部的角點稱為內圓角，外部的角點稱為外圓角。圓角是用指定半徑的圓弧，連接兩個圖元，兩端並與圖元相切。加入圓角的圖元不必相交，或者可以重疊。如果圖元重疊，它們將經過修剪以產生圓角，而且用於圓角化的直線會連接至該圓角圓弧。

　　圖元的邊緣可以選擇是否修剪。圓角半徑為0時會產生銳角，而不是圓角。選擇圖元時按下 Shift 鍵，可以以0值取代目前的圓角半徑。

選擇聚合線時，聚合線上所有的角點只適用一次圓角指令使全部圓角化。

指令：FILLET

模式 =TRIM，半徑 =0

選項：多個(M),聚合線(P),半徑(R),修剪模式(T),復原(U) 或

指定第一個圖元 »_Radius

預設：0

指定半徑 »：輸入圓角半徑值

選項：多個(M),聚合線(P),半徑(R),修剪模式(T),復原(U) 或

指定第一個圖元 »：選擇定義 2D 圓角所需的兩個圖元的第一個圖元，或輸入選項

選項：Shift+ 選擇來套用角落 或

指定第二個圖元 »：選擇第二個圖元建立圓角，或按住 Shift 並選擇第二個圖元，使用半

徑 0 建立角落

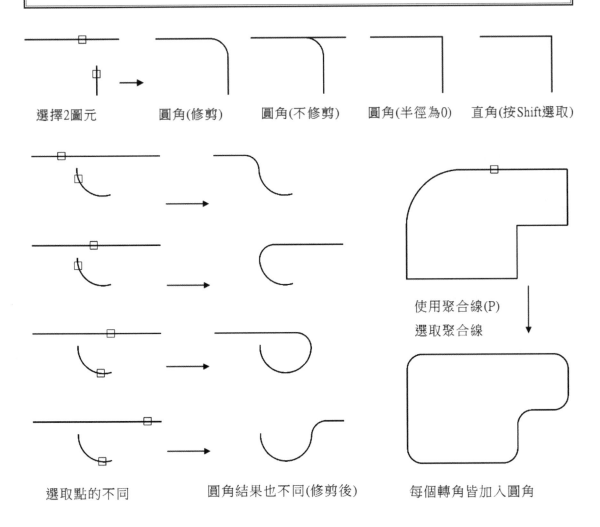

選擇2圖元   圓角(修剪)   圓角(不修剪)   圓角(半徑為0)   直角(按Shift選取)

使用聚合線(P)

選取聚合線

選取點的不同   圓角結果也不同(修剪後)   每個轉角皆加入圓角

- **多個 (M)**：可讓您套用圓角至多個圖元，依預設，您完成的是單一圓角，在加入圓角後，系統會重複提示選擇新的兩個圖元進行圓角化，直到按 Enter 結束指令。
- **聚合線 (P)**：在 2D 聚合線的各個直線相交頂點處進行圓角化，建立指定半徑的圓弧圓角。
- **半徑 (R)**：定義圓角圓弧的半徑，變更半徑不會影響先前產生的圓角圓弧。
- **修剪模式 (T)**：控制圓角指令是否將選擇的線段修剪或延伸到圓弧相切處。
- **Shift+ 選擇來套用角落**：使用半徑為 0，修剪或延伸圖元至兩圖元的相交點上以建立角點。
- **圓角平行線**：當直線圖元為平行線時，兩端都可以加入圓角，此圓角為半圓弧，圓角指令會自動調整半徑以便與兩個圖元相切，當兩個圖元不等長時，系統會依選擇順序自動延伸或縮短其中一圖元長度。

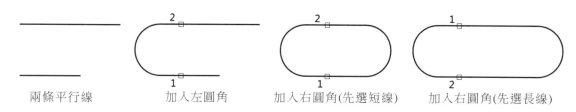

| 兩條平行線 | 加入左圓角 | 加入右圓角(先選短線) | 加入右圓角(先選長線) |

7.5 導角

指令TIPS 導角

- 功能區：**首頁→修改→強力修剪下拉選單→導角** ⌐
- 功能表：**修改→導角**
- 指令：**CHAMFER(CHA)**

　　導角指令在相交角點或斜角點處的兩條直線，建立一條斜線連結兩個圖元，常用的選項有(1)距離交角相等或不相等的距離，形成非對稱導角；(2)第一個圖元的交角距離與角度。選取的圖元不必相交，或者可以交錯重疊。如果圖元重疊，系統將修剪圖元以建立導角。

　　如果您所導角化的兩條直線在相同的圖層上，此指令會將導角直線放置在該圖層上。如果直線所在的圖層不同，此指令則會將導角直線放置在目前的圖層上。

指令：CHAMFER
(修剪模式) 啟用的導角距離 1=10，距離 2=10
選項：角度(A), 距離(D), 方法(E), 多個(M), 聚合線(P), 修剪模式(T), 復原(U) 或
指定第一條線»：使用圖元選擇方式或輸入選項
選項：Shift+ 選擇來套用角落或
指定第二條線»：按下 Shift 鍵並指定第二個工程圖圖元，改為套用銳角，這個方法可產生銳角，而不必變更結合兩個端點的導角距離。

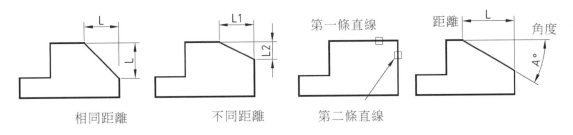

相同距離　　　　不同距離　　　第二條直線

- **角度 (A)**：指定第一條直線上的導角線長度，及導角線與第一條直線的夾角。
- **距離 (D)**：設定距離所選擇邊線交角點的導角距離 1 與距離 2。如果您將兩個導角距離指定為零，兩條直線將會延伸直到相交為止（如果可能相交的話）。

指定第一個距離»：輸入導角距離後按 Enter(例如輸入 10)
指定第二個距離»：輸入第二個導角距離後按 Enter

- **方法 (E)**：切換使用兩個距離、或是長度和角度模式來建立導角。
- **多個 (M)**：可讓您套用導角至多個圖元。依預設，您完成的是單一導角。系統會重複提示您選擇要進行導角化的第一個和第二個圖元，直到您按下 Enter 鍵結束。
- **聚合線 (P)**：使用一個步驟在 2D 聚合線的所有頂點處建立導角。
- **修剪模式 (T)**：控制導角的邊線是否要修剪至導角斜線端點處。
- **復原**：撤銷上一個導角；只能在多個模式啟用時使用。

7.6 │ 分割

- 功能區：**首頁→修改→熔接下拉選單→分割** ⏣
- 功能表：**修改→分割**
- 指令：**SPLIT**

分割指令是用在刪除所選圖元兩點之間的圖元部份，在圖元的指定兩點之間產生空白位置，以放置文字或符號。

如果您使用游標直接選擇圖元，依預設，您所點按的點就是開始斷開的位置，再指定第二個點來斷開，決定要刪除的區域。您也可以輸入選項 F（第一個點）重新指定第一個斷開點，在這個情況下，系統會接著提示您輸入第二個點。

```
指令：SPLIT
選項：多個(M)或
指定圖元»：選擇指定圖元的第一個切斷點
選項：第一個點(F)或
指定第二個分割點»：指定第二個切斷點，或輸入 F 按 Enter 後指定第一個點
```

- **第一個點 (F)**：以您新指定的點來取代原來的第一點。
- **多個 (M)**：這個選項與 SPLIT@MULTIPLE 指令相同，詳見**分割多個**。

只要是直線、圓、圓弧、聚合線、橢圓、不規則曲線、無限直線和射線圖元類型，都可以斷開成兩個圖元，或修剪掉其中的一端。圓形的圖元被斷開時，是以逆時鐘方向移除圓上第一個點到第二個點之間的部份，被切斷的圓將轉換成圓弧。

這個指令不能用於複線。

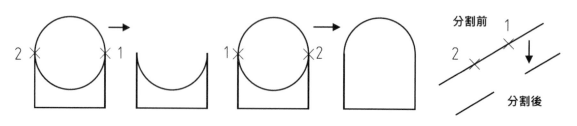

7.7 從點分割

指令TIPS 從點分割 🔍

* 功能區：**首頁→修改→熔接下拉選單→從點分割** Ｇ

　　從點分割和**分割**使用相同的指令SPLIT，但使用不同之工具圖示 Ｇ，分割指令第一與第二分割點也都被設定為同一點，以達到分割於點的效果。在您選擇圖元後，系統會直接要求您指定第一分割點，並直接結束指令。

　　圓與橢圓無法使用**從點分割**指令。

指令：SPLIT@POINT
指定圖元»
選項：第一個點(F) 或
指定第二個分割點»_First
指定第一個分割點»
指定第二個分割點»@

分割點　　　　　　　分割成2線段

7.8 分割多個

指令TIPS 分割多個 🔍

* 功能區：**首頁→修改→熔接下拉選單→分割多個** ⬚
* 功能表：**修改→分割多個**
* 指令：**SPLIT@MULTIPLE**

　　分割多個指令是用在指定圖元後，再選擇分割圖元，依預設，所選的分割圖元會在與指定圖元的相交處斷開指定圖元，使圖元被分割成2段。

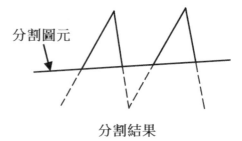

原始圖元(未分割)　　　　　　　分割結果

7.9　熔接

指令TIPS　熔接　🔍

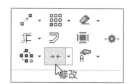

- 功能區：**首頁→修改→熔接** ┤‥
- 功能表：**修改→熔接**
- 指令：**WELD**

　　使用**熔接**指令可以將兩個有間隙的圖元合併成一個圖元。您可以合併直線、開放的聚合線、圓弧、橢圓弧和開放的不規則曲線。使用**關閉**選項還可以將圓弧轉換為圓，將橢圓弧轉換為橢圓。

　　直線必須是共線的，圓弧的中心點和半徑必須相同，並以逆時針方向結合。橢圓弧必須全都位於相同的橢圓上，並以逆時針方向結合。

　　聚合線可以結合直線、圓弧或聚合線，產生單一聚合線，您也可以只合併與來源聚合線頭尾相接的圖元以及附加的指定圖元。

個別圖元　　　　　　熔接成聚合線

```
指令：WELD
指定圖元»
找到1
指定圖元»
找到1，總計2
```

指定圖元»
1行已熔接到來源，0個entities已從操作中捨棄
指令：WELD
指定圖元»
找到1
指定圖元»
選項：關閉(L) 或
指定要結合到來源的圓弧»_cLose

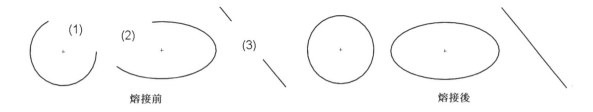

熔接前　　　　　　　　　　　　　　　　　熔接後

7.10 變更長度

指令TIPS　變更長度

- 功能區：首頁→修改→變更長度 ↗
- 功能表：修改→變更長度
- 指令：**EDITLENGTH(LEN)**

　　使用**變更長度**指令，您可以變更線性或曲線圖元的長度以及圓弧的夾角。**變更長度**指令會延伸或修剪圖元為指定值或原始大小的某個比例。您也可以使用動態拖曳，變更圖元的長度，指令會從現有的方向以及最接近選擇點的端點開始變更圖元的長度。

指令：EDITLENGTH
選項：動態(D),增量(I),百分比(P),總計(T) 或
為長度指定圖元»：選擇要變更的圖元圖元或輸入選項，或按Enter結束

- **動態：**可讓您透過拖曳指定圖元，將圖元的一端拖曳成新的長度，另一端則保持固定。

- **增量 (I)：**依輸入的正值或負值（例10或-10）來增長或縮短圖元的長度。

  - **角度 (A)：**依輸入的正值或負值（例10或-10）來增加或減少夾角。

- **百分比 (P)：**以原始總長度的比例指定百分比來增長或縮短圖元的長度。

- **總計 (T)：**變更直線或圓弧的總長度為指定的尺寸。

  - **角度 (A)：**依輸入總角度來調整弧的夾角。

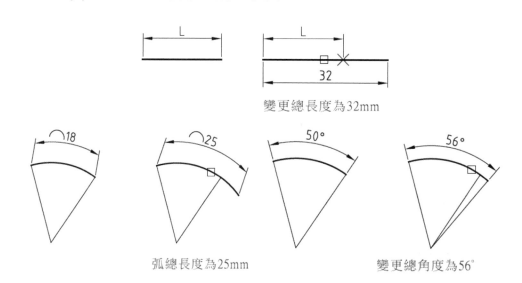

變更總長度為32mm

弧總長度為25mm　　　　　變更總角度為56°

7.11 旋轉

指令TIPS　旋轉

- 功能區：**首頁→修改→旋轉**
- 功能表：**修改→旋轉**
- 指令：**ROTATE(RO)**

　　旋轉指令用在使用指定的樞紐點為中心，輸入旋轉角度、或使用**參考**選項指定0度線，再輸入旋轉角度，旋轉圖面中所選的圖元。

　　您也可以使用**複製**選項，在旋轉後複製圖元，並保留原圖元。

```
指令：ROTATE
在CCS中使用的正交度：DIRECTION=逆時針 BASE=0
指定圖元»：使用圖元選擇方式選擇圖元後按Enter
指定樞紐點»：指定要旋轉的基準點(中心點)
預設：0
選項：參考(R),複製(C)或
指定旋轉角度»：輸入要旋轉的角度，或輸入C、R選項按Enter
```

- **旋轉角度**：依輸入的角度繞著指定的基準點旋轉所選的圖元，0度為X軸方向，逆時針為正，順時針為負。

- **複製 (C)**：依輸入的旋轉角度，複製並旋轉所選圖元的副本。

```
選項：參考(R),複製(C)或
指定旋轉角度»_Copy
所選圖元的副本將由旋轉產生。
預設：0
選項：參考(R),多個(M)或
指定旋轉角度»：輸入要旋轉的角度，或輸入R、M選項按Enter
```

- **多個 (M)**：依輸入旋轉的角度，連續建立多個旋轉圖元副本。

- **參考 (R)**：將所選圖元從指定參考角度（使用游標指定兩點），繞著基準點旋轉到新角度位置。

```
選項：參考(R),複製(C)或
指定旋轉角度»_Reference
預設：0
指定參考角度»指定第二個點»：選擇兩點為0度線
預設：0
選項：點(P)或
指定新角度»：指定新角度的點，或輸入角度
```

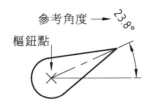

所選圖元

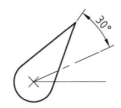

旋轉30度

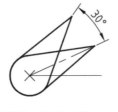

複製、旋轉30度

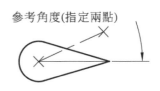

向下旋轉至新角度0度

7.12 練習題

1.

2.

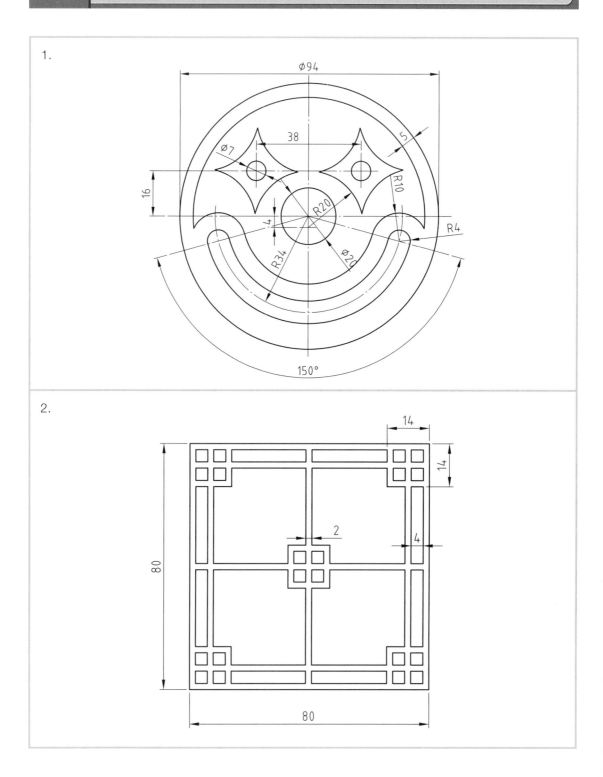

3.

4.

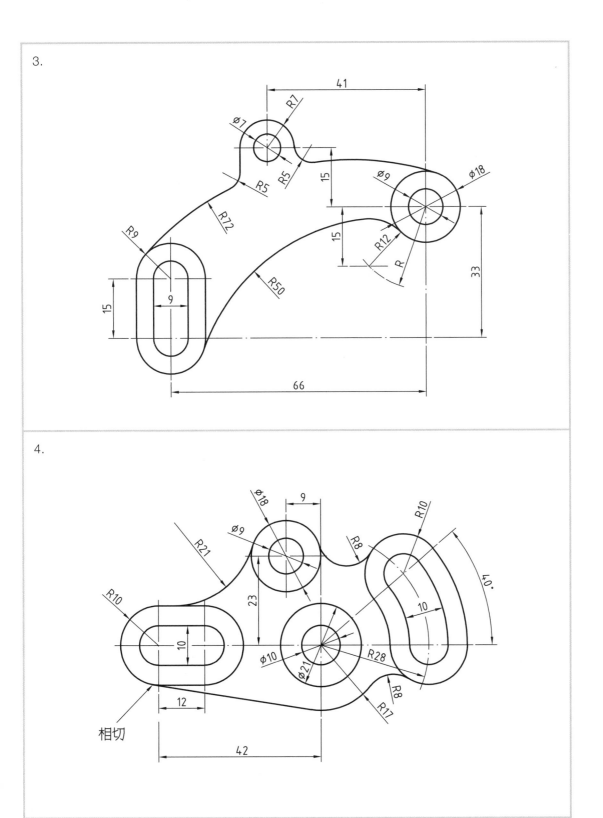

相切

5.

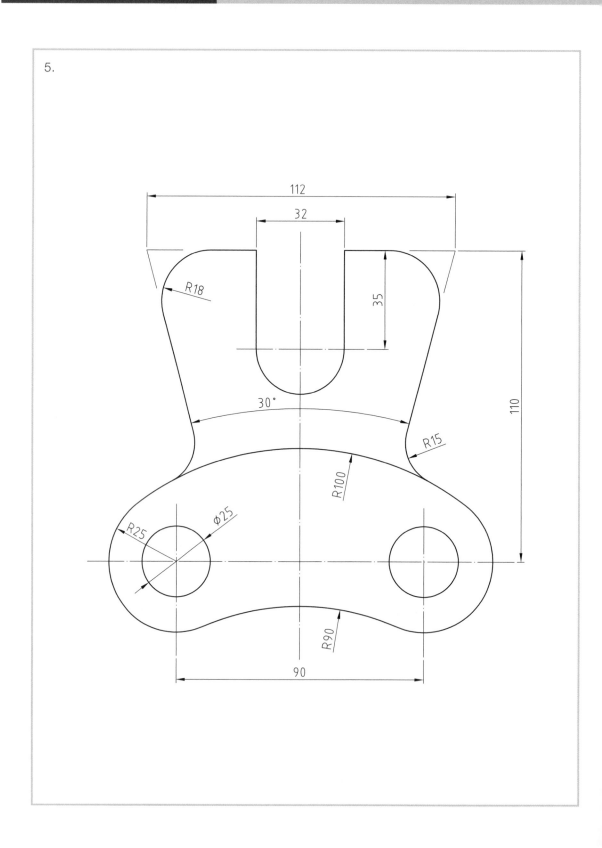

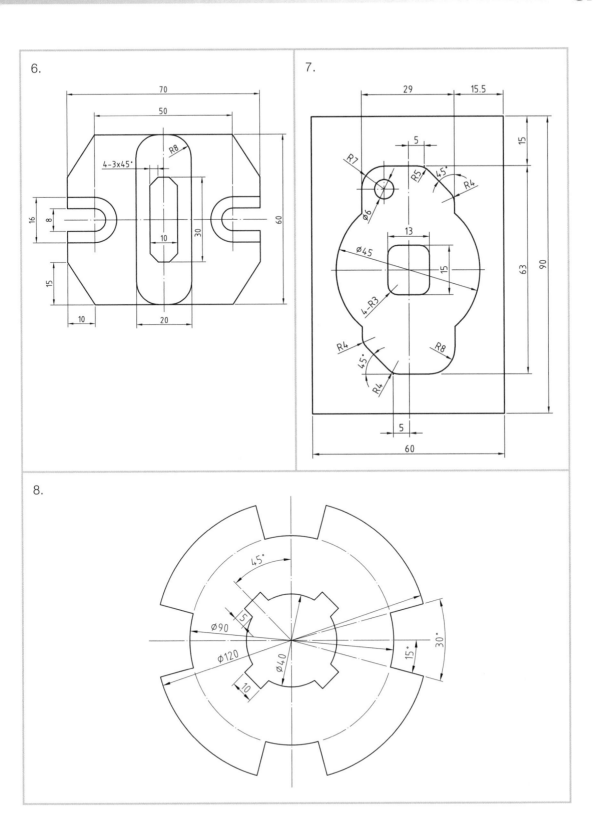

9. Ans：36.9387。

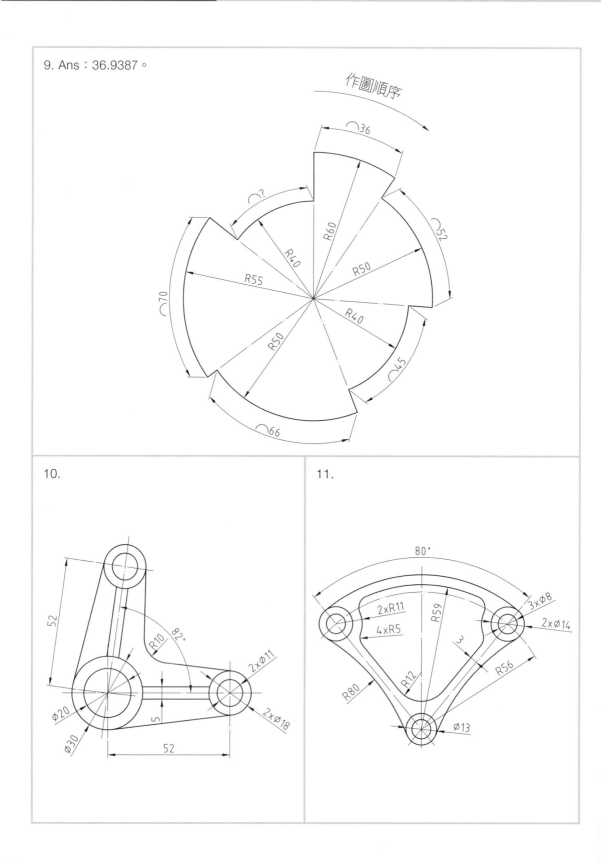

10.

11.

12.

13.

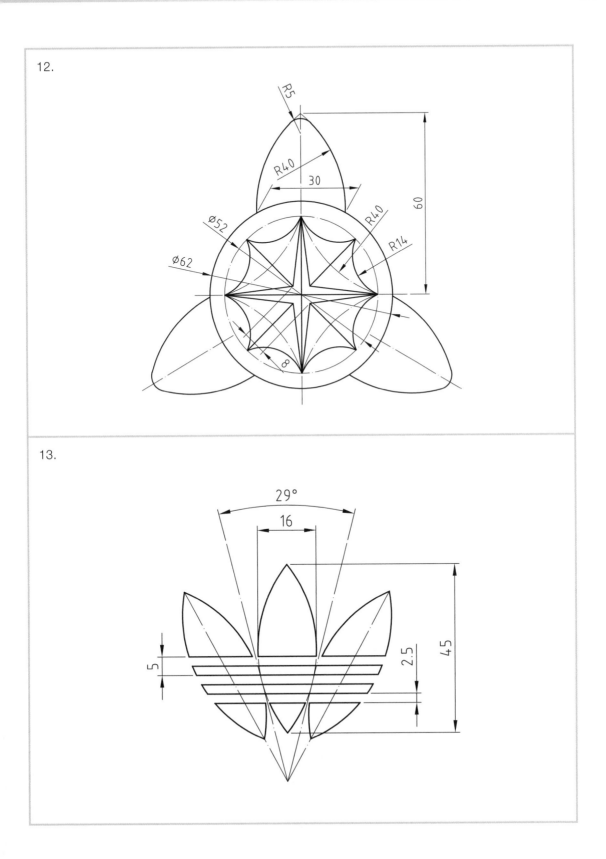

NOTE

08

文字與修改

 順利完成本章課程後，您將學會：

- 文字樣式
- 簡單註解
- 註解
- 彎曲的文字
- 編輯註解
- 比例
- 快速修改
- 伸展
- 圓弧
- 矩形

8.1 文字樣式

指令TIPS 文字樣式

- 功能區：**註解→文字→文字樣式**
- 功能表：**格式→文字樣式**
- 指令：**TEXTSTYLE(ST)**

此指令可以顯示**文字樣式**對話方塊，讓您新建、啟動、重新命名或刪除文字設定值。

在**文字樣式**對話方塊中，文字樣式內所設定的內容會與圖面中的所有註解相關聯，當您在工程圖中加入**註解**或**簡單註解**時，輸入的文字會套用目前文字樣式所定義的字型、字體特性、大小和其他屬性。

您可以使用TrueType字型或已編譯的形狀字型（類型 .shx）。

執行**簡單註解**輸入文字時，**使用中的文字樣式**名稱會顯示在指令行提示中，您可以在指令行直接修改目前文字樣式，或載入另一個文字樣式；但是較佳的方式應是在功能區：**註記→文字**中直接選擇所想要的文字樣式後，再輸入文字，或使用**屬性塗貼器** 將已使用的文字樣式套用至圖面中的文字上。

文字樣式的選項包括樣式名稱、字型、高度與角度等特性，下列表格列示了Standard文字樣式的設定。

STANDARD 文字樣式設定		
設定	預設值	描述
樣式名稱	Standard	最多包含255個字元的名稱
SHX字型	ARisoP1.shx	與字型（字元型式）相關聯的檔案，勾選**使用大字型**
大字型	chineset.shx	用於非ASCII字元集（例如中註解）的特殊造型定義檔案 SHX字型檔案才能使用大字體
高度	0	字元高度，高度為0時，可在輸入註解（文字）時指定高度
寬度係數 （間距）	1	依據字元高度控制字元寬度，此值為寬度係數，>1越寬，<1越窄
角度	0	字元的傾斜角度85（向右）~ -85（向左）度
向後	否	顯示文字的左右反向鏡射影像，只適用簡單註解
上下顛倒	否	上下顛倒顯示文字，只適用簡單註解
垂直	否	垂直或水平方向顯示文字，只適用簡單註解與*.shx字型檔案

上列的各個設定也可以在**屬性**調色盤內變更設定。

DraftSight 常用的字型檔		
字型種類	延伸副檔名	字型檔
SHX字型檔	.shx	ARisoP1.shx
TrueType字型檔	.ttf	kaiu.ttf（標楷體）
TrueType字型檔	.ttc	mingliu.ttc（細明體）

8.2 簡單註解

指令TIPS 簡單註解

- 功能區：**首頁→註記→文字下拉選單→簡單註解** Ⓐ
- 功能表：**繪製→文字→簡單註解**
- 指令：**SIMPLENOTE**

簡單註解指令用於建立單行文字圖元，輸入時可按 Enter 跳下一行輸入，但是不同行分屬於不同的文字圖元。

在啟用指令後，慢速按滑鼠右鍵，從捷徑功能表中點選**編輯器設定→顯示工具列**，可啟用**簡單註解格式設定**快顯工具列，意即當您啟用**簡單註解**指令之後，按右鍵即會顯示**簡單註解格式設定**快顯工具列。工具列內的設定和文字樣式內的設定相同。

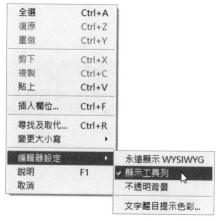

而在您快點兩下簡單註解文字時，也會出現相同的工具列，稱為**編輯簡單註解**。

指令：SIMPLENOTE
使用中的文字樣式：「Standard」文字高度：5 註記：否
選項：設定(E) 或
指定開始位置»：指定點，或輸入 E 按 Enter 開啟簡單註解設定對話方塊
預設：5
指定高度»：輸入新的字高、或按 Enter
預設：0
指定文字角度»：輸入文字的旋轉角度、或按 Enter 後輸入文字

⬡ 設定(E)

進入設定會開啟**簡單註解設定**對話方塊，在**選項**之下，可以選擇樣式、定義文字樣式 、高度與角度；在**插入方位**下方，可以設定與插入點有關的文字行位置與對正。

ARItal, 1,2,3,4,5,6,7,8,9,0

標楷體、字高3、旋轉角度0

新細明體、字高4、旋轉角度0

ARisoP1.shx, 字高3,旋轉角度30度

電腦輔助機械製圖 30°

控制碼和特殊字元

除了使用Unicode字元來輸入特殊字元之外，您也可以在字串中輸入控制碼來控制文字的頂線、底線或特殊字元，控制碼的開頭通常以一對百分比符號%%來表達。

- %%o打開和關閉畫頂線。
- %%u打開和關閉畫底線。
- %%d繪製角度符號「°」。
- %%p繪製正/負公差符號「±」。
- %%c繪製圓直徑標註符號「Ø」。

  例如：輸入%%c50%%p0.05可得Ø50±0.05。

鏡射文字

若要鏡射的圖元為文字，考慮到文字是否反向時，則必須使用到系統變數MIRRTEXT，MIRRTEXT的預設值為0（關閉），這時的文字只單純的複製到鏡射位置而不會反向，若是MIRRTEXT的值為1（開啟）時，則文字圖元和其他任何圖元一樣被鏡射，而且文字會反向。

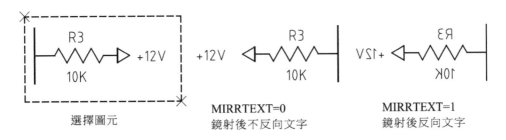

選擇圖元　　　MIRRTEXT=0　　　MIRRTEXT=1
　　　　　　　鏡射後不反向文字　鏡射後反向文字

要反向文字時，除了鏡射文字之外，您也可以使用**簡單註解**指令，在輸入文字後，再選擇文字，從**屬性調色盤**中變更文字的**向後**為**是**，使文字反向。

8.3 | 註解

指令TIPS 註解

- 功能區：**首頁**→**註記**→**文字下拉選單**→**註解** Ⓐ
- 功能表：**繪製**→**文字**→**註解**
- 指令：**NOTE(N,T)**

不像簡單註解，**註解**指令建立的格式會設為文字區塊而非單行文字。

註解使用**爆炸**指令後，每行將被分解成簡單註解的單行文字。

指令：NOTE
使用中的文字樣式：「Standard」文字高度：5 註記：否
指定第一個角落»
選項：角度(A),高度(H),調整(J),行間距(L),文字樣式(ST),寬度(W) 或
指定對角»

在指定矩形對角點之後，「**註解格式設定**」會立即顯示，讓您建立或修改文字，文字來源可以自行輸入、或貼上文字、設定文字格式、調整段落以及行間距與對齊方式。**尺規**可設定註解的段落縮排及定位停駐點。

註解格式設定包含**文字樣式**、**格式化**、**段落**、**對正**、**插入符號**、**選項**與**關閉**等功能。

⬡ 格式化

內含粗體、底線、頂線、斜體、傾斜、追蹤係數（字元間距）及寬度係數等。

提示 簡單註解寬度係數必須從屬性視窗修改。

◈ 符號

若要在註解內插入特殊符號，按「  」，選擇適當的符號後，在游標位置插入所選的符號，您也可以手動輸入控制碼來插入符號。

度	%%d
加/減	%%p
直徑	%%c
約等於	\U+2248
Delta	\U+0394
身分	\U+2261
不等於	\U+2260
歐姆	\U+2126
歐米加	\U+03A9
平方	\U+00B2
立方	\U+00B3
不分行空格	
其他...	

8.4 彎曲的文字

指令TIPS 彎取的文字 🔍

- 功能區：**首頁→文字→文字下拉選單→彎曲的文字** ⚂
- 功能表：**繪製→文字→彎曲文字**
- 指令：**CURVEDTEXT**

彎曲的文字指令可以沿著圓弧放置文字，您可以控制文字方向和位置，以及修改文字格式與樣式，包括指定相對於圓弧的文字位置，指定文字樣式、字型、色彩、高度及字元間的間距，指定相對於圓弧中心偏移於內外側等，對話方塊中的任何變更都會自動顯示於工程圖上，因此您可在關閉對話方塊前看到結果。

彎曲的文字指令不適用於不規則曲線、圓、橢圓和聚合線。

指令：CURVEDTEXT
指定圓弧或現有的彎曲文字»：選擇圓弧

8.5 編輯註記

指令TIPS 編輯註記

- 功能區：**修改→編輯註記**
- 功能表：**修改→圖元→註記**
- 指令：**EDITANNOTATION**

依據您選取文字或註記圖元的類型，指令會顯示相對應的編輯對話方塊。如果選取圖元是**簡單註解**，您可以使用簡單註解格式設定快顯工具列進行格式設定，以就地編輯文字。如果是使用**註解**，請使用註解格式設定快顯工具列進行格式設定，以就地編輯文字。

提示　在文字上用滑鼠左鍵快點兩下，也可以直接編輯註解。

```
指令：EDITANNOTATION
指定註記»：選擇文字註解或註記
找到1
選項：復原(U)或
指定註記»：選擇文字註解或註記，或按ESC、Enter結束
```

8.6 比例

指令TIPS 比例

- 功能區：**首頁→修改→複製下拉選單→比例** 🔲
- 功能表：**修改→比例**
- 指令：**SCALE(SC)**

　　比例指令除了可以按輸入的縮放係數放大或縮小選擇的圖元外，也可使用**參考**選項，針對參考的線段長度調整圖元的大小至新的長度，使圖元能做不定比例縮放係數的縮放。

```
指令：SCALE
指定圖元»：使用圖元選擇方式選擇圖元後按Enter
指定基準點»：指定的基準點會維持在相同位置不變
預設：1
選項：參考(R)或
指定縮放係數»：輸入縮放係數，或輸入R按Enter
預設：1
指定參考長度»指定第二點：
預設：1
選項：點(P)或
指定新長度»
```

- **縮放係數**：將所選圖元的大小乘以縮放係數，當縮放係數大於1時，圖元會放大；當縮放係數在0和1之間時，圖元會縮小。
- **參考(R)**：根據參考長度和指定的新長度來調整所選圖元的縮放係數。

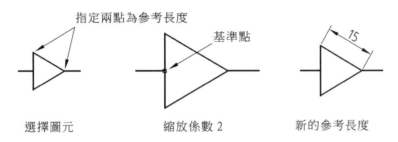

指定兩點為參考長度　　　　基準點　　　　15

選擇圖元　　　　縮放係數 2　　　　新的參考長度

8.7 | 快速修改

指令TIPS 快速修改 🔍

- 功能區：**首頁→修改→複製下拉選單→快速修改** 🔢
- 功能表：**修改→快速修改**
- 指令：**QUICKMODIFY**

　　快速修改指令可在一次指令中使用複製、移動、旋轉及縮放圖元。

　　執行指令後，在圖面中指定要修改的圖元，再指定一個基準點，即可輸入選項建立修改。

指令：QUICKMODIFY
指定圖元》：使用圖元選擇方式選擇圖元後按Enter
指定基準點》：選擇被修改的圖元基準點，該點會維持在相同位置不變
預設：結束(X)
選項：基準(B),複製(C),移動(M),旋轉(R),比例(S),復原(U)或結束(X)
指定選項》：輸入選項後按Enter

8.8 | 伸展

指令TIPS 伸展 🔍

- 功能區：**首頁→修改→伸展** 🔲
- 功能表：**修改→伸展**
- 指令：**STRETCH(S)**

　　使用**伸展**指令，單選或在框選（由右至左）視窗內的圖元會被移動至新的拉伸位置，而與選擇視窗相交的所有圖元，則會被延伸或收縮，也就是在交錯視窗或多邊形內部的端點將會被移動，而視窗外的端點則保留在原始位置。

您可以伸展直線、聚合線線段、射線、圓弧、橢圓弧和不規則曲線。

指令：STRETCH
指定要依CWindow或CPolygon伸展的圖元...
指定圖元»：使用選擇視窗選擇圖元
選項：位移(D)或
指定來源點»：指定基準點
選項：按Enter來使用來源點作為位移或
指定目的地»：指定第二點作為位移點

● **位移(D)**：指定位移選項，依向量伸展指定圖元，或輸入X,Y的位移值。

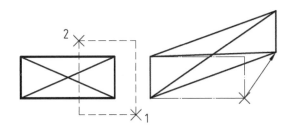
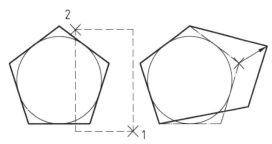

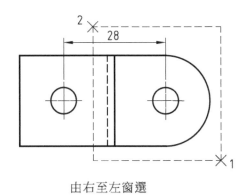

由右至左窗選

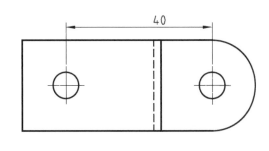

向右伸展並輸入距離12

8.9 圓弧

指令TIPS 圓弧

● 功能區：**首頁**→**繪製**→**圓弧**

● 功能表：**繪製**→**圓弧**

● 指令：**ARC(A)**

使用**圓弧**指令，共有11種方式可用來建立弧，即中心點、終點、起點、半徑、角度、弦長與方向值的各種組合，除了三點圓弧之外，弧是依逆時鐘方向從起點向端點繪製而成（按住Ctrl鍵可切換為順時鐘方向）。

畫弧之各種組合選項如下圖：

	圓弧
	起點，中心，終點
	起點，中心，角度
	起點，中心，長度
	起點，終點，角度
	起點，終點，方向
	起點，終點，半徑
	中心，起點，終點
	中心，起點，角度
	中心，起點，長度
	繼續

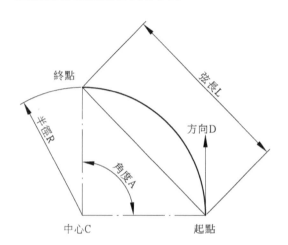

- **起點，中心，角度**：選擇起點和中心點，然後再輸入弦對應的總角度數值。
- **起點，中心，終點**：選擇起點、中心點和終點。
- **起點，中心，長度**：選擇起點和中心點，然後再輸入圓弧弦長的數值。
- **起點，終點，角度**：選擇起點、中心點和終點，然後輸入從弦相切點至起點的角度正或負值。
- **起點，終點，方向**：選擇起點、終點和起點的相切方向。
- **起點，終點，半徑**：選擇起點和終點，然後輸入弦的圓弧角度正切值。
- **繼續**：從最近繪製的直線、聚合線或圓弧的端點繼續繪製圓弧。

指令：ARC
選項：中心(C),附加(A),輸入來從最後一個點繼續或
指定起點»：指定點、輸入 C，或按 Enter 開始繪製相切於最後一條線、弧或聚合線的切線。
選項：中心(C),結束(E) 或
指定通過點»：指定點或輸入選項
指定終點»：指定點

- **附加 (A)**：以相切方式將圓弧附加至直線、聚合線或圓弧圖元。

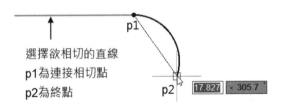

選擇欲相切的直線
p1為連接相切點
p2為終點

8.10 │ 矩形

指令TIPS

- 功能區：**首頁→繪製→聚合線下拉選單→矩形** 🔲
- 功能表：**繪製→矩形**
- 指令：**RECTANGLE(REC)**

　　矩形指令可用來繪製任意大小或方向的矩形，並可帶入直角、圓角或導角。矩形為聚合線，必要時需以**爆炸**指令分解成四條單一直線圖元。

　　繪製矩形可以另行指定長度、寬度、面積和旋轉參數，並可以使用下列方式繪製：

- **角落**：指定兩個對角點來產生矩形。
- **3點角**：指定三個角點來產生矩形。
- **3點中心**：指定矩形的中心、一個邊的中點和一個角落來產生矩形。
- **中心**：指定矩形的中心和一個角落來產生矩形。
- **平行四邊形**：指定三個角落點來產生平行四邊形。

🌀 **注意**　使用導角或圓角無法產生平行四邊形。

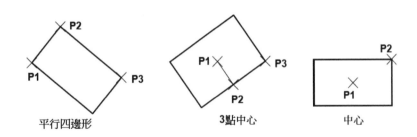

平行四邊形　　　　　　　3點中心　　　　　　中心

指令：RECTANGLE
選項：3角(3C),3點中心(3P),中心(CE),角落(CO),導角(C),高度(E),圓角(F),平行四邊形
(P),厚度(T),線寬(W) 或
指定開始的角落»：指定點，或輸入選項
選項：面積(A),尺寸(D),旋轉(R) 或
指定對角»：指定點，或輸入選項

- **指定開始的角落**：指定矩形的起點。
    - **面積(A)**：以面積和長度或寬度定義矩形（導角和圓角的角落不會納入矩形的區域計算之中）。
    - **尺寸(D)**：輸入長度和寬度定義矩形。
    - **旋轉(R)**：指定對角前，以指定的角度旋轉矩形的長邊。
    - **指定對角**：指定第二個角點與起點建立矩形。
- **導角(C)**：指定矩形角點的導角距離。
- **高度(E)**：指定3D矩形的高度。
- **圓角(F)**：指定每個角落的圓角半徑。
- **厚度(T)**：指定3D空間中的矩形壁厚度。
- **寬度(W)**：指定矩形壁的2D線寬。

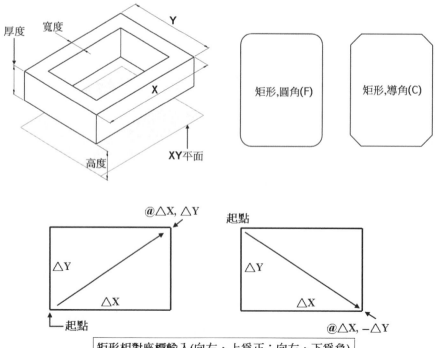

8.11 | 練習題

1.

字型名稱：標楷體　字體：標楷體　高度：5　角度：0
《虞美人·春花秋月何時了》
春花秋月何時了？往事知多少。小樓昨夜又東風，故國不堪回首月明中。
雕欄玉砌應猶在，只是朱顏改。問君能有幾多愁？恰似一江春水向東流。

2.

字型名稱：Standard　字體：ARisoP1.shx, chineset　高度：7　角度：0
件號 名稱 件數 材料 備註 圖名 投影 比例 單位 試題編號 日期 繪圖者編號 校名 單位
備註 彈簧 軸承 扣環 螺釘 虎鉗 高碳鋼 鑄造 油封 惰輪 搪孔 磷青銅 乙級電腦輔助機械製圖
實線 虛線 中心線 剖面線 輪廓線 標註線 文字 導程 熱處理 高週波 表面硬化 滲碳法

3.

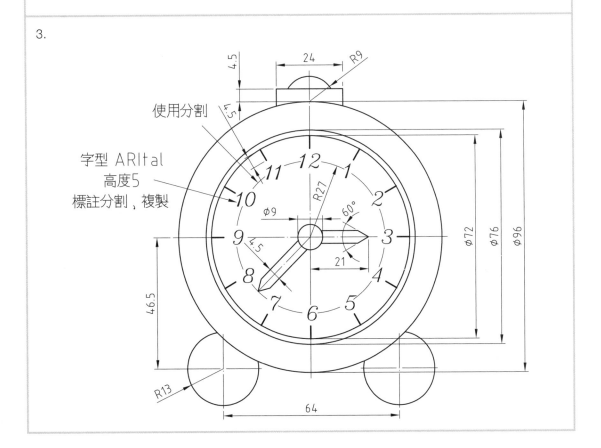

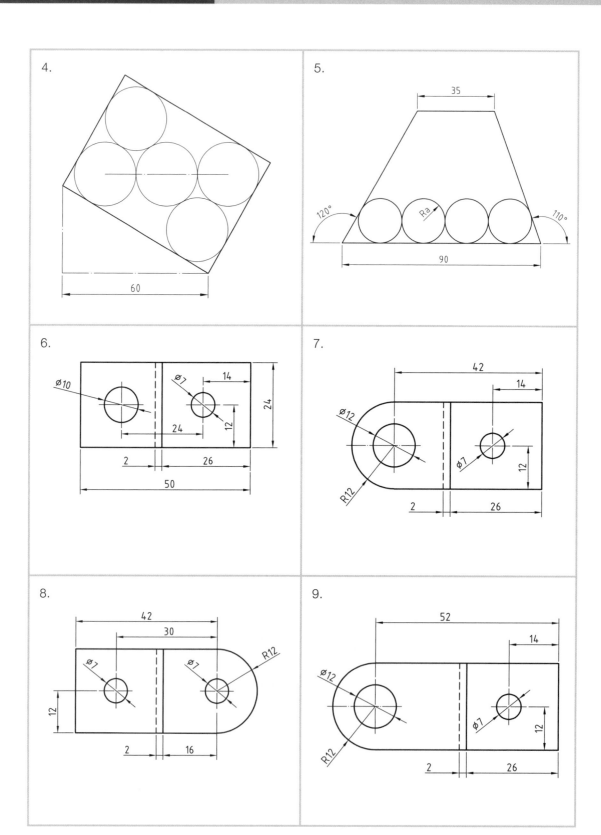

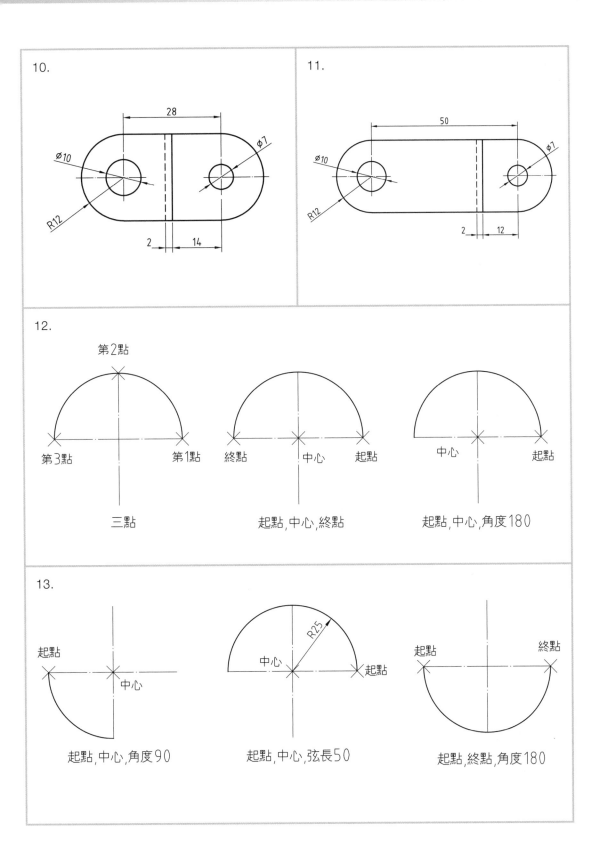

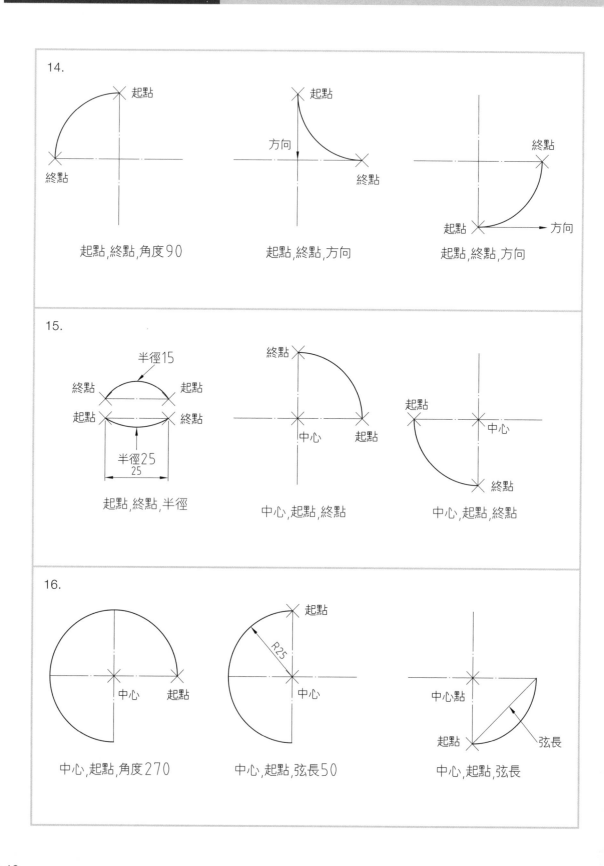

14.

起點, 終點, 角度90   起點, 終點, 方向   起點, 終點, 方向

15.

半徑15
終點   起點
起點   終點
半徑25
25

起點, 終點, 半徑   中心, 起點, 終點   中心, 起點, 終點

16.

中心, 起點, 角度270   中心, 起點, 弦長50   中心, 起點, 弦長

17.

18.

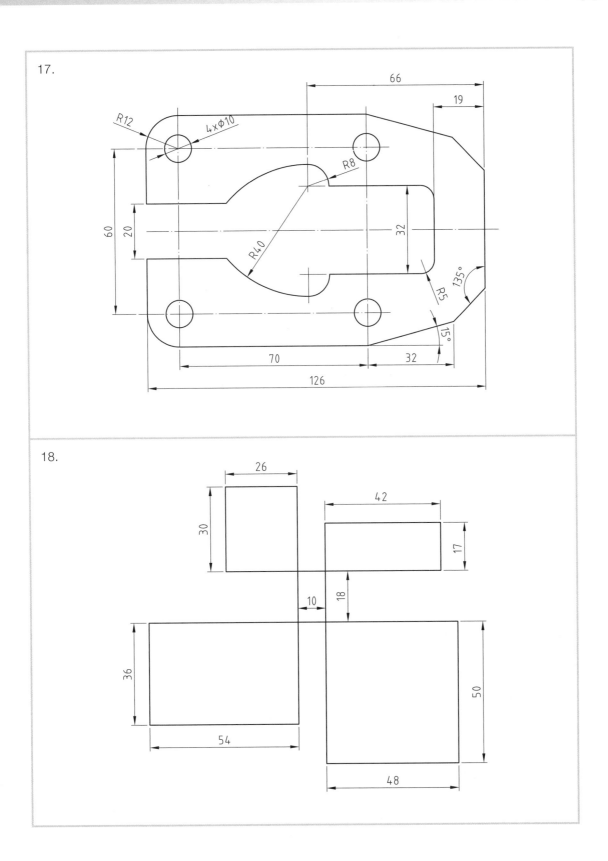

19.

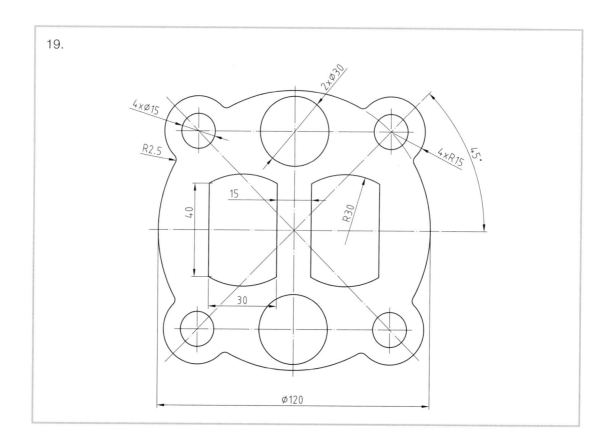

09

表格與曲線

順利完成本章課程後，您將學會：

- 表格樣式
- 表格
- 點樣式
- 點
- 標記分割
- 標記長度
- 不規則曲線與不規則曲線擬合
- 編輯不規則曲線
- 計算器
- Windows 小算盤

9.1 表格樣式

指令TIPS 表格樣式

- 功能區：註解→表格→表格樣式 ⊞
- 功能表：**格式→表格樣式**
- 指令：**TABLESTYLE(TS)**

表格樣式對話方塊用在建立新表格樣式、修改或刪除原有的表格樣式，未插入表格前皆可修改。您也可以將表格樣式啟用為目前使用樣式。

按**表格樣式** ⊞，系統會直接帶入**選項→草稿樣式**，並展開**表格**，您可以在**樣式**中選擇一個表格樣式，然後在**儲存格樣式設定**之下的內容中，選擇要編輯的儲存格類型（資料、標頭或標題）。

⬢ 濾器

所有樣式：會列出在工程圖中定義的所有樣式、**工程圖中的樣式**：僅列出工程圖中表格所參考的樣式。若是新工程圖檔，則只有一個Standard樣式。

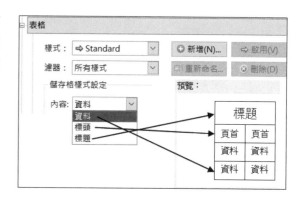

⬢ 文字

色彩選擇紅色；**樣式**保留預設；**高度**保留預設。您也可以按 ⚥ 設定文字樣式。

⬢ 顯示

保留預設。

◆ **邊框**

　　設定邊框步驟：1.選擇**內容**（標題），2.選擇**色彩**（紅色），3.**寬度**保留預設，4.點選**套用至**（如外邊框 ▦），此時表格預覽應已變更色彩，您可以先按**套用**，或等全部設定好後再按**確定**。

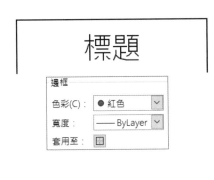
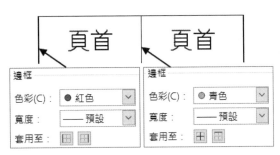

◆ **儲存格邊界**

　　保留預設。

儲存格邊界
水平(H)：1.5
垂直(V)：1.5

◆ **表格頁首方位**

　　保留預設，"下"表示從插入點向下產生表格。

表格頁首方位：下

9.2 表格

指令TIPS 表格 🔍

* 功能區：**首頁→註記→表格→表格**▦
* 功能表：**繪製→表格**
* 指令：**TABLE(TB)**

　　表格是一種組織整理數據的手段，它包含列和欄中資料的文數字，插入的表格依前面表格樣式中設定的內容顯示。

您也可以按**輸出表格** 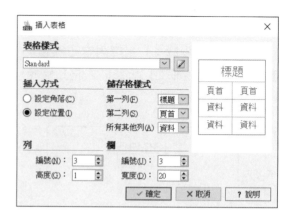，將表格輸出至 .xlsx、.xls、.csv 檔案，輸出的表格可以使用 Microsoft Excel 工作表開啟編輯。

在**插入表格**對話方塊中，在**表格樣式**之下，可以選擇表格樣式或是按**檢視表格樣式**，產生或編輯表格樣式，所選表格樣式的影像會顯示在預覽之中。

9.2.1 插入表格

插入表格之後，表格進入文字輸入模式，系統也自動顯示**註解格式設定**工具列，此文字的編輯模式可參閱前面章節中的文字說明（註解指令）。在編輯表格標題後，按 Tab 鍵繼續到下一個表格儲存格，然後鍵入文字，完成後按 Enter。

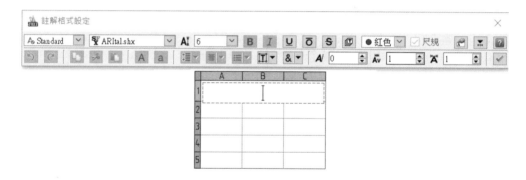

9.2.2 調整列高及欄寬

若要調整表格的儲存格高度、寬度，或表格的位置、大小等，只要選擇表格中的任意儲存格後，拖曳表格中顯示的控制點即可。選擇儲存格則可以調整儲存格列高及欄寬。

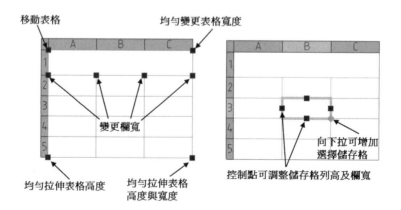

9.2.3　插入列或欄

在任意儲存格內（非格線）點一下後，儲存格會被選擇，除了控制點可被拖曳用來調整欄與列的寬度與高度之外，在功能區也有相對應的表格編輯指令可使用。

按滑鼠右鍵，從快捷功能表中，您可以建立數學關係式、編輯文字、移除或插入欄或列等。

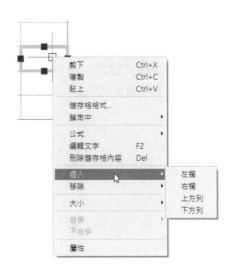

9.2.4　插入符號

同樣地，在儲存格內（非格線）快點兩下後，儲存格處於文字輸入模式時，透過註解格式設定，您可以調整文字的格式，以及輸入文字，輸入完成後按Enter。

在儲存格註解輸入模式下，按**插入符號** ，可在儲存格中輸入特殊符號。

9.2.5　插入功能變數

按**註解格式設定**工具列中的欄位 ，在欄位對話方塊中選擇功能變數種類，插入至儲存格中，按**確定** 後，再按 **Enter** 完成。

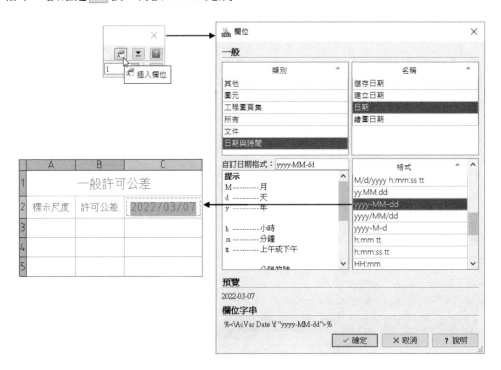

9.3 點樣式

指令TIPS 點樣式

- 功能區：**管理→自訂→選項→工程圖設定→點**
- 功能表：**格式→點樣式**
- 指令：**POINTFORMAT**

您可以設定點的顯示類型與大小，點的外觀取決於點樣式的設定。預設的點類型只是一個小黑點，小到您會忽略它，為了便於檢視，您可以在點樣式設定點的類型與大小：**% 相對顯示**與**絕對單位**。

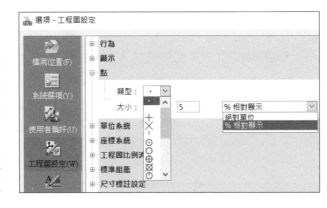

在類型下拉選單中，選擇一個適當的圖示以變更點類型，再設定**點大小**，按**確定**。

- **% 相對顯示**：以佔可見的工程圖基準面的百分比表示**點**大小，當您縮放拉近或拉遠時，**點**的顯示大小不會變更。

- **絕對單位**：以工程圖單位設定**點**的大小，顯示尺寸為指定的**點大小**，當您縮放拉近或拉遠時，**點**的顯示會跟一般圖元一樣變大或變小。

9.4 點

指令TIPS 點

- 功能區：**首頁→繪製→多點** 🎲 、**單點** ⊡
- 功能表：**繪製→點→多點**
- 指令：**POINT(PO)**

點指令可以依前面點樣式的設定，使用不同的類型和大小顯示。**點**圖元可以在工程圖中用作參考點，或作為節點成為圖元的抓取目標，稍後不需要這些點時，您可以將其刪除。

在建構期間使用點的好處是：您可以使用「**圖元抓取**」抓取這些點，或使用「**圖元追蹤**」或是抓取選項「**從**」，替代插入點圖元至工程圖中。

指令：POINT
使用中的點模式：點模式=3點大小=2單位
選項：多個(M),設定(S)或
指定位置»：指定點畫單點，或輸入M按Enter畫多點
選項：按Enter來結束或
指定位置»：指定點

- **點模式**：點的外觀代號。
- **多個(M)**：從畫單點模式進入畫多點模式。
- **設定(S)**：進入**選項**，設定點樣式。

9.5 標記分割

指令TIPS 標記分割

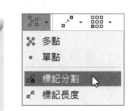

- 功能區：首頁→繪製→標記分割 ⚙
- 功能表：**繪製→點→依線段**
- 指令：**MARKDIVISIONS(MDIV)**

標記分割指令並不是將所選的圖元分割成不同的片段，而是讓您以插入**點**或**圖塊**的方式，將直線、聚合線、圓和圓弧依分割數N標記成等長的線段，在所選擇圖元中，沿著圖元的長或周長等長的距離位置放置N-1個點或**圖塊**圖元。

指令：MARKDIVISIONS
指定圖元»：選擇要等分的圖元
預設：2
選項：圖塊(B)或
指定區段數量»：輸入一個介於2到32,767之間的區段數量，或輸入B按Enter

- **區段數量**：以[圖元總長/(N-1)]的相等距離，沿所選圖元放置點。
- **圖塊(B)**：以[圖元總長/(N-1)]的相等距離，沿所選圖元放置圖塊。

指定圖塊名稱»：輸入圖面中目前定義的圖塊名稱
預設：是(Y)
確認：是否將圖塊與圖元對正？
指定是(Y)或否(N)»：輸入 Y 或 N 按 Enter

區段數量6　　　　　　圖塊對正圖元　　　　　圖塊未對正圖元

9.6 標記長度

指令TIPS	標記長度

- **功能區**：首頁→繪製→標記長度
- **功能表**：繪製→點→依長度
- **指令**：**MARKLENGTHS(MLEN)**

　　標記長度的指令是以測得的間距來插入**點**或**圖塊**的方式，將直線、聚合線、圓、圓弧和其他圖元分成特定長度的線段，再將點或圖塊放置在圖元上。圖元不會切割成不同的片段，仍會維持一個圖元的狀態。

　　通常**圓**圖元的起點為0度，而且圖元的最後一段會比您所指定的長度還要短。

指令：MARKLENGTHS
指定圖元»：選擇圖元
預設：2
選項：圖塊(B)或
指定區段長度»：指定距離，或輸入 B 按 Enter

- **圖塊(B)**：以區段長度的相等距離，沿所選圖元靠近的端點處放置圖塊。

- **區段長度**：輸入長度，此長度為放置點圖元的間距。

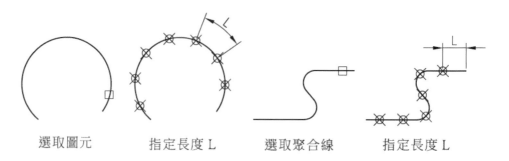

選取圖元　　　　　指定長度 L　　　　選取聚合線　　　　指定長度 L

指定圖塊名稱»：輸入圖面中目前定義的圖塊名稱

預設：是

確認：是否將圖塊與圖元對正？

指定是(Y)或否(N)»：輸入 Y 或 N 按 Enter

提示　圖塊的建立與使用請參閱 Chap 15。

9.7　不規則曲線與不規則曲線擬合

指令TIPS　不規則曲線

𝄐	軸
𝄐	中心
𝄐	橢圓弧
𝄐	螺旋曲線
𝄐	不規則曲線擬合
𝄐	不規則曲線

- 功能區：首頁→繪製→橢圓下拉選單→不規則曲線擬合 𝄐
  、不規則曲線 𝄐
- 功能表：繪製→不規則曲線→不規則曲線、不規則曲線擬合
- 指令：**SPLINE(SPL)**

不規則曲線指令用以繪製開放或封閉的不規則曲線，它是擬合至一組點的平滑曲線，且為 Non-Uniform Relational B-Spline(NURBS) 曲線的應用。

不規則曲線是以擬合點或控制頂點定義，因此，您可以使用以下指令套用兩種方法：

- **擬合點方法**：擬合點重合不規則曲線，您可以將不規則曲線擬合至指定公差值內的指定點。
- **控制頂點方法**：控制頂點(CV)定義控制框架，控制框架提供了一個有效率的不規則曲線造型方法。

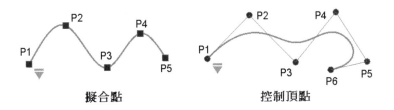

擬合點　　　　　　　　　　　控制頂點

所顯示的提示取決您是使用**擬合點**還是**CV(控制頂點)**來建立不規則曲線。
若使用**擬合點**方式來建立不規則曲線：選項：方法(M),節點(K),圖元(E) 或
若使用**CV(控制頂點)**方式來建立不規則曲線：選項：方法(M),度(D),圖元(E) 或

指令：SPLINE
使用中設定：方法＝擬合，節點＝弦
選項：方法(M),節點(K),圖元(E) 或
指定起始擬合點»：指定點或輸入 M, K, E
指定下一個擬合點»：指定點
選項：復原(U),擬合公差(F),按 Enter 來開始相切或
指定下一個擬合點»：指定點或輸入 U, F
選項：關閉(C),復原(U),擬合公差(F),按 Enter 來開始相切或
指定下一個擬合點»：指定點或輸入 C, U, F
指定起始相切»：指定不規則曲線第一點的切線
指定終止相切»：指定不規則曲線最後一點的切線

- **方法 (M)**：使用**擬合點**或使用 CV（**控制頂點**）方式來建立不規則曲線。

- **度 (D)**：設定產生之不規則曲線的方程式階數，可指定 1 到 10 之間的值，預設值為 3，代表 3 度（三次方）不規則曲線。

- **節點 (K)**：指定節點計算方法，這個選項僅在使用**擬合**選項時可用。

  - **弦**：設定連接每個曲線的節點，使其與每個相關的擬合點配對間的距離成比例，又稱為弦長方法。

    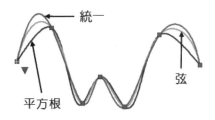

  - **平方根**：設定連接每個曲線的節點，使其與每個相關的擬合點配對間的距離平方根成比例，又稱為向心力方法。

  - **統一**：設定每個零組件曲線的節點距離，使其無論擬合點的距離為何皆相同，又稱為等距方法。

- **圖元 (E)**：將 2D 或 3D 的二次方或三次方不規則曲線擬合聚合線轉換為等距不規則曲線。

- **封閉 (C)**：重合第一點與最後一點，封閉不規則曲線。

- **擬合公差 (L)**：指定允許不規則曲線偏離指定擬合點的距離，設定擬合公差為零可強制不規則曲線通過擬合點（預設）。

- **指定起始相切**：指定不規則曲線第一點的切線。

- **指定終止相切**：指定不規則曲線最後一點的切線。

起始相切方向　　　　　　　　　　　　　　　　　終止相切方向

9.8　編輯不規則曲線

指令TIPS　不規則曲線

- 功能區：**首頁→修改→編輯註記下拉選單→編輯不規則曲線** 🐾
- 功能表：**修改→圖元→不規則曲線**
- 指令：**EDITSPLINE**

🐾 編輯註記...
🐾 編輯剖面線...
🐾 編輯聚合線
🐾 編輯富線...
🐾 編輯不規則曲線

使用**編輯不規則曲線**您可以：

- 關閉開放的不規則曲線或開啟封閉的不規則曲線。

- 將不規則曲線與其他 2D 圖元嵌合。

- 將不規則曲線轉換為聚合線。

- 編輯擬合點資料與控制框架資料。

- 編輯不規則曲線的屬性和參數。

```
指令：EDITSPLINE
指定不規則曲線»：選擇不規則曲線
找到 1
選項：反向 (R), 復原 (U), 擬合 (F), 結合 (J), 結束 (X), 編輯頂點 (E), 聚合線 (P) 或關閉 (C)
指定選項»：輸入選項或按 Enter 結束
```

- **反向 (R)**：反轉不規則曲線的方向。

- **擬合 (J)**：編輯擬合點，並使用選項以重新計算擬合。

- **結合 (J)**：將指定的不規則曲線共點連接直線、圓弧、聚合線、橢圓弧或其他不規則曲線，形成延伸的不規則曲線。

- **編輯頂點 (M)**：加入新頂點、刪除舊頂點、提升階數、移動控制頂點及變更指定控制頂點的權值等。
- **轉換為聚合線 (P)**：使用頂點作為控制點，將不規則曲線轉換為聚合線。
- **關閉 (C)/ 開啟 (O)**：關閉開放的不規則曲線或開啟封閉的不規則曲線。

9.9 計算器

指令**TIPS** 智慧計算器

- 功能區：**管理→公用程式→智慧型計算器** ⊞
- 指令：**SMARTCALCULATOR**

智慧型計算器包括大多數標準數學計算機的基本特徵。此外，**智慧型計算器**還加上特有的計算功能，例如**科學記號**、**單位換算**等。

與 Windows 小算盤不同的是，**智慧型計算器**可以輸入計算式計算，在按下某個函數後，它不會立即計算答案，待計算式完成編輯後，按等號（＝）或按 Enter 計算結果。您也可以從**計算（歷程）** 區域擷取該計算式、對其進行修改，並重新計算結果。

9.10 Windows 小算盤

指令**TIPS** 小算盤

- 指令：**OSCALC(CAL)**

使用 **OSCALC** 指令可顯示您使用之作業系統的標準計算器，常用的為 Windows 小算盤。

9.11 練習題

1.

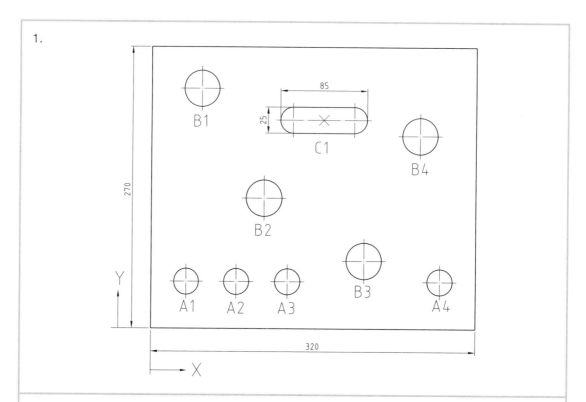

2.

鑽孔位置表			
孔	X位置	Y位置	尺　寸
A1	35	45	
A2	85	45	
A3	135	45	φ25貫穿孔
A4	285	45	
B1	50	230	
B2	112	125	
B3	210	65	φ35深度10
B4	265	185	
C1	170	200	圓頭槽中心

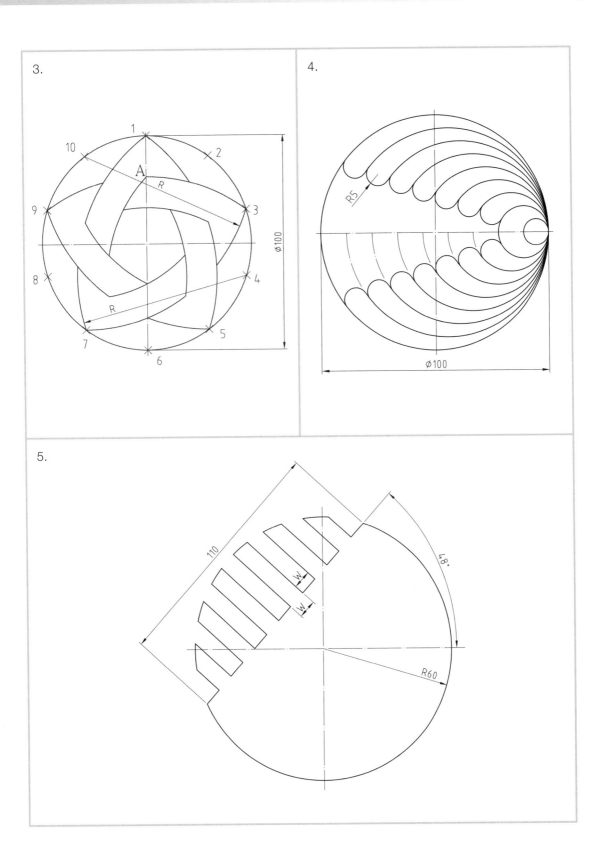

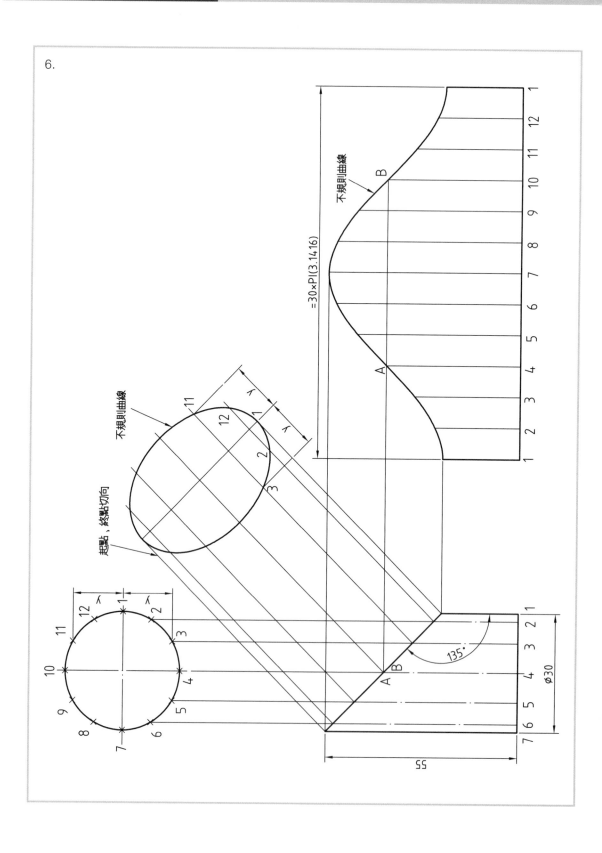

6.

不規則曲線

起點、終點切向

不規則曲線

=30×PI(3.1416)

135°

ø30

55

7.

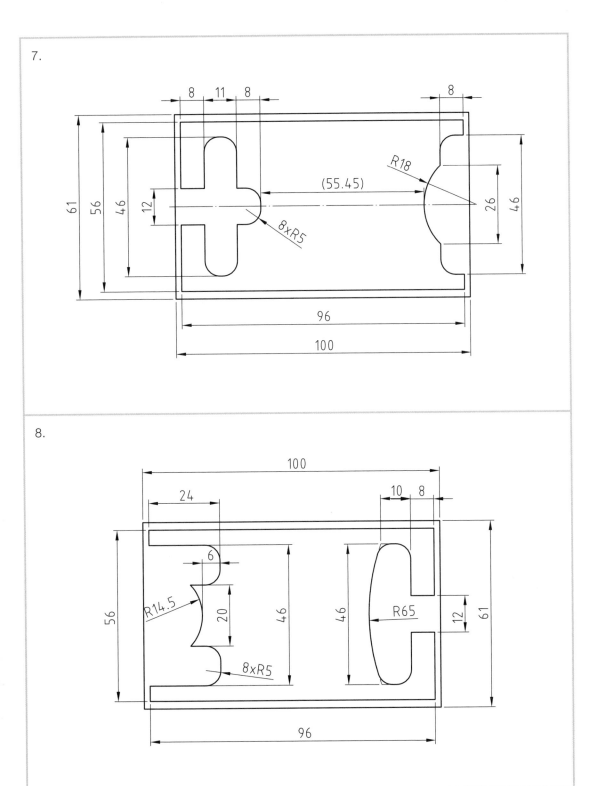

8.

NOTE

圖層與剖面線

10

順利完成本章課程後,您將學會:

- 圖層
- 複線樣式
- 複線
- 編輯複線
- 剖面線
- 填補
- 編輯剖面線
- 顯示順序

10.1 圖層

指令TIPS 圖層

- 功能區：**首頁→圖層→圖層管理員** 🗂
- 功能表：**格式→圖層**
- 指令：**LAYER(LA)**

圖層在DraftSight中可視為一張張的透明紙張，每張圖層可以個別顯示/隱藏、凍結與鎖定，並設定線條色彩、樣式、線寬等。在應用時，可以將全部的圖層相疊起來觀察整張圖，也可以隱藏某些圖層，針對特定的圖層做檢查、複製或列印等。而對不同行業的設計人員應用上像是畫印刷電路板就可分為第一層板、第二層板、第三層板等等；建築製圖則可將同一樓層的不同房間設計繪製在不同圖層、或依樓層數區分圖層；在機械製圖中則依使用的線型、色彩、線寬等區分文字、剖面、標註等圖層。

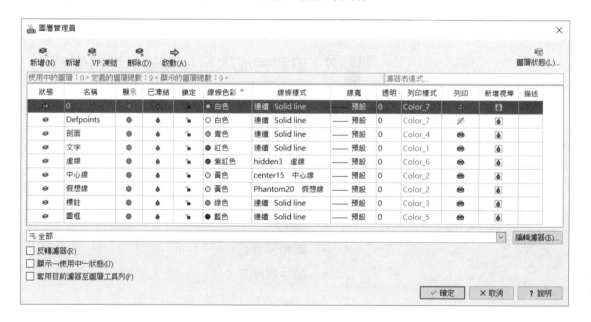

10.1.1 圖層管理員

- **新增**：您可以在任何時間產生新的圖層，新圖層顯示名稱為「圖層#」的圖層，您可以變更新圖層名稱，新圖層將繼承目前使用中的圖層性質（色彩、線型等）。
- **新增-VP凍結**：建立新圖層並將其凍結在所有現有的視埠中。

- **刪除**：刪除所選圖層，您只能刪除未被使用的圖層。預設的圖層 0、DEFPOINTS、或已有包含圖元的圖層無法刪除，含有圖元之圖層只能用**圖層刪除**指令刪除。

- **啟動**：將所選圖層設定為使用中的圖層，此時您所建立的圖元等，將會被儲存在此圖層中。

- **搜尋圖層**：當您在有許多圖層的工程圖中，想搜尋特定的圖層時，您可以在濾器表達式方塊中輸入部份名稱搜尋。

10.1.2 圖層屬性

- **狀態**：顯示圖層的使用情形，像是使用中的圖層 ⇨。

- **名稱**：圖層的名稱，名稱中可包含字母、數字或特殊字元，按F2可重新命名。

- **顯示/隱藏**：顯示或隱藏所選的圖層，當圖層為顯示狀態時，您可以正常檢視與列印；當圖層在隱藏狀態時，即無法檢視與列印。

- **凍結/解凍**：已凍結的圖層會被隱藏並受到保護的，因此您無法對其變更。圖層在解凍後即可顯示，並且可以變更，此外，您不能凍結使用中的圖層。

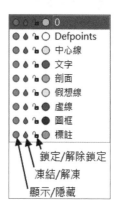

- **鎖定/解除鎖定**：被鎖定圖層上的圖元無法變更，這有助於保護圖層並防止不慎修改。

- **線條色彩**：您可以從色彩下拉選單中指定圖層中圖元的色彩。

- **線條樣式**：依預設，標準線條樣式會指定為**連續**線條，您可以從線條樣式對話方塊中選擇，或從下拉選單中選擇。

- **線寬**：從下拉線寬選單中選擇在圖層上圖元的線寬。

- **透明度**：從下拉透明度選單中變更圖層圖元的透明度（0-90），數字越大，圖元就越透明。

- **列印樣式**：您可以為圖層指定個別的列印樣式。

- **列印**：控制要列印的圖層。如果您取消某個圖層的列印功能，則這個圖層中的圖元仍然會顯示出來，但是無法列印，Defpoints圖層預設為灰色，無法列印。

- **描述**：您可以鍵入圖層描述。

10.1.3 變更圖層方式

- 從圖層管理員中選取圖層，按**啟動**。

- 從圖層下拉選單中，直接選擇圖層。

- 先選擇不同圖層的物件，再於圖層功能區按**啟動圖層** ☑，則目前的圖層會變更成所選物件的圖層。

10.1.4　圖層設定

下表為一般繪圖新增的圖層與設定建議：

名稱	顏色	線型	名稱	顏色	線型
文字	紅	連續	剖面	青	連續
中心線 假想線	黃	CENTER PHANTOM	虛線	洋紅	HIDDEN
標註	綠	連續	圖框	藍	連續

10.1.5　其他圖層工具

指令TIPS　圖層工具

- 功能區：**首頁→圖層**
- 功能表：**格式→圖層工具**

圖層工具內包含著管理圖層的所有相關指令，如上圖：

- **隔離圖層**：除了所選圖元的圖層被保留之外，其他圖層皆被隱藏。
- **取消隔離圖層**：顯示所有使用**隔離圖層**指令隱藏的圖層。
- **啟動圖層**：選擇要變更為目前圖層的圖元。

- **要啟動圖層的圖元**：變更所選圖元的圖層，為目前啟用的圖層。
- **變更圖元的圖層**：將圖元所屬的圖層變更至所選的新圖層。
- **圖層刪除**：刪除所選圖元的圖層與圖層上的所有圖元。
- **恢復圖層狀態**：取消之前對圖層設定所做的變更。
- **圖層預覽**：顯示所選圖層上的圖元，並隱藏所有其他圖層上的圖元。

10.1.6 使用圖層的注意事項

1. 圖層名稱至多可以包含255個字元（雙位元組或字母數字）：字母、數字、空格和數個特殊字元，圖層名稱不能包含以下字元：< > / \ " : ; ? * | = '。

2. 每張新圖檔皆會內含一個名為0之圖層，為維持至少一個圖層，因此0圖層無法刪除，預設之色彩為黑/白色，線條樣式為連續。

3. **已有標註的圖檔都會自動產生Defpoints圖層，此圖層為系統用不可刪除，加入至此圖層的物件無法列印。**

4. 每張圖之圖層數目不受限制，每一層之圖元數目亦不受限制。

5. 在**首頁→屬性**中，色彩、線條樣式與線寬須設為BYLAYER，圖元才會依圖層設定之色彩、線條樣式與線寬繪製。

6. 要刪除圖層以及圖層裡面之所有圖元時，只能用**圖層刪除**指令。

7. 繪製圖元時，應先選定圖層，這樣圖層的性質才會直接套用至圖元上。ByLayer：依圖層設定；ByBlock：依圖塊設定。

8. 簡易變更圖層時，例如：選擇虛線圖層物件後，再點選0層，使物件變更為0層。

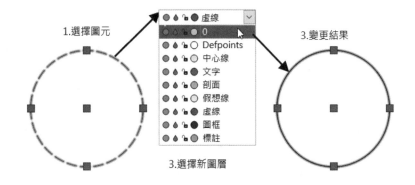

10.2 複線樣式

指令TIPS 複線樣式 🔍

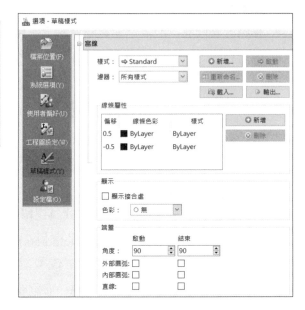

- 功能區：管理→自訂→選項→草稿樣式→複線
- 功能表：格式→複線樣式
- 指令：**RICHLINESTYLE、MLSTYLE**

　　複線圖元是由2到16條平行線性圖元所組成，該等構造建立為一個物件。在使用複線圖元之前，您可以產生自訂複線樣式以指定線條色彩、線條樣式和其他圖元屬性。**複線樣式**的預設樣式為Standard，內含兩個元素（兩條平行直線），上下各偏移0.5mm。

⬡ 修改複線樣式

　　線條屬性內可以設定平行線的偏移量、樣式、色彩與端蓋。

　　在**端蓋**之下，指定起始和結束的端蓋設定：

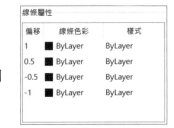

線條屬性		
偏移	線條色彩	樣式
1	ByLayer	ByLayer
0.5	ByLayer	ByLayer
-0.5	ByLayer	ByLayer
-1	ByLayer	ByLayer

- **角度**：設定起始與結束端蓋相對第一個或最後一個複線圖元方向的角度。
- **外部圓弧**：以圓弧封閉外端面。
- **內部圓弧**：如果複線圖元以四條或更多直線定義，內部圓弧將兩個與外部最接近的線條元素以圓弧封閉端面。
- **直線**：以線段封閉端面複線圖元。

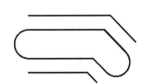

⬢ 產生新複線樣式

就像文字格式或標註樣式一樣，針對不同的複線也可
建立不同的樣式。

10.3 複線

指令TIPS　複線 🔍

- 功能表：**首頁→繪製→直線下拉選單→複線** 🖉
- 指令：**RICHLINE(RL)**

複線是由2到16條平行線性圖元組成，**複線**建立的平行線間距與線條樣式可以在**複線
樣式**預先建立，在繪製複線前，再變更其起點的位置及寬度比例。

複線是單一物件，您可以用**編輯複線**指令編修，或用**爆炸** 🔳 指令分解成線段圖元再
編修。

```
指令：RICHLINE
使用中的設定：調整＝上，比例=20，樣式=Standard
選項：調整(J),比例(S),樣式(ST)或
指定起點»：指定點，或輸入選項
指定下一點»：指定點
選項：復原(U)或
指定下一點»：指定點，或按U復原
選項：關閉(C),復原(U)或
指定下一點»：指定點，或輸入選項
```

- **調整 (J)**：繪製複線起點的位置有**上、下、零**三種。
- **比例 (S)**：複線間距的放大比例係數。
- **樣式 (ST)**：輸入樣式名稱以變更目前的複線樣式。
- **關閉 (C)**：接合最後一個線段和第一個線段，以封閉複線。

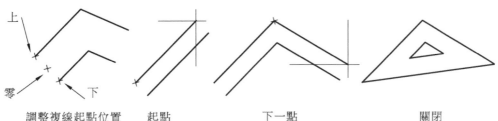

調整複線起點位置　　起點　　　　　下一點　　　　　　關閉

10.4 編輯複線

指令TIPS 編輯複線

- 功能表：**修改→圖元→複線**
- 指令：**EDITRICHLINE(EDRL)**

使用**編輯複線**指令時，您可以從系統出現的**編輯複線**對話
方塊中選擇複線相交的樣式，透過預覽，您可以編輯相交及相
鄰的複線、斷開與接合複線及新增或刪除現有複線的頂點。

例如：在對話方塊中，選擇**封閉十字型**、**開放十字型**或
合併十字型，按**確定**。

在圖面中，指定兩條相交複線的第一條和第二條，兩條複線間的相交結果如下：

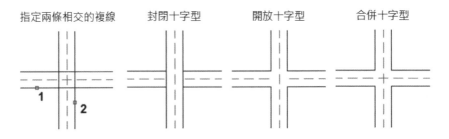

指定兩條相交的複線　　封閉十字型　　　開放十字型　　　合併十字型

10.5 剖面線

指令TIPS 剖面線

- 功能區：**常用→繪製→剖面線**
- 功能表：**繪製→剖面線**
- 指令：**HATCH(H)**

使用剖面線指令可填入剖面線圖案、線條，以填補封閉區域或指定的圖元。為工程圖加入剖面線可使其更富意義，並有助於區分不同的材料和區域。有些工程圖的應用，如建構工程圖，需要剖面線圖案以增加工程圖的清晰程度和易讀性。除圖案外，您也可以選擇圖案清單中的實體，使用目前的色彩以實體剖面線填補邊界圍起的區域。

另一種則是**填補**，可以用來填滿色彩，所謂填補即是一種顏色的不同描影之間或兩種顏色之間使用過渡方式，一般稱為**漸層**。

10.5.1　圖案類型

剖面線圖案類型內含**自訂、預先定義、使用者定義**三種。其中**使用者定義**的樣式則是以圖面中的目前圖層線型為基礎，再套用角度、間距等性質，亦可勾選**加入相交線**，使產生交叉剖面線。而**自訂、預先定義**只要按 ... ，即會顯示剖面線的對話方塊供您選擇圖案樣式，**預先定義**內含符合 ISO 和 ANSI 標準的圖案，以及特定產業中常用的圖案。**自訂**可讓您選擇由您或您企業事先建立的圖案，預設檔案為 Sample.pat，位於下列資料夾中。

C:\Users\使用者\AppData\Roaming\DraftSight\版本編號\Support

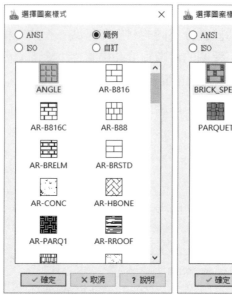 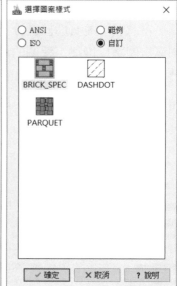

- **填補**：請參閱後面填補說明。
- **圖案類型**：可用的**預先定義**樣式。
- **使用者定義**：以目前線型設定角度、間距等。
- **角度**：剖面線樣式傾斜 X 軸的角度。
- **比例**：放大或縮小**實體**、**樣式**的圖案。
- **間距**：指定**使用者定義**樣式剖面線的間距，間距為工程圖圖面單位。
- **加入相交線**：第二組線，與第一組線成 90 度交角，建立交叉剖面線。

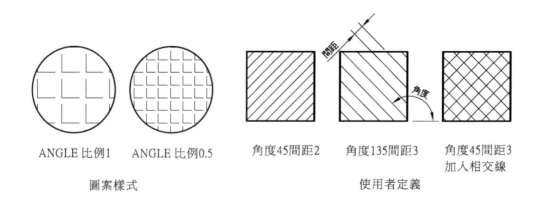

| ANGLE 比例1 | ANGLE 比例0.5 | 角度45間距2 | 角度135間距3 | 角度45間距3 加入相交線 |

圖案樣式 　　　　　　　　　　　　使用者定義

10.5.2　邊界設定

在邊界設定中，可選擇指定邊界的方法：

- **指定圖元** 🔲：可讓您直接選取或框選形成邊界的圖元。
- **指定點** 🔳：在封閉區域中點選內部點，系統會自動判斷在指定點周圍形成封閉區域的圖元以定義邊界。
- **重新計算邊界** 🔄：在移除後取代邊界（僅在使用**編輯剖面線**指令時啟用），並重新計算。
- **刪除邊界** ⊗：移除形成邊界之圖元組的邊界。
- **強調顯示邊界圖元** 🔍：顯示工程圖中的邊界。

10.5.3　圖案開始點

圖案開始點可控制圖案樣式的起始位置，像是BRICK樣式需要與剖面線邊界上的點對齊，就需要指定開始點，依預設，所有剖面線開始點對應於目前的工程圖原點。

- **目前工程圖原點**：使用目前的座標原點(0,0)。
- **使用者定義位置**：指定新的剖面線原點。

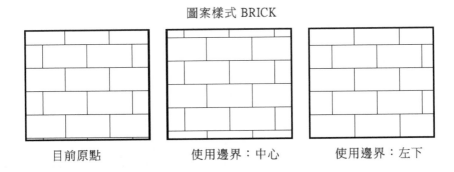

圖案樣式 BRICK

目前原點　　　　　使用邊界：中心　　　　　使用邊界：左下

10.5.4　模式

- **註記縮放**：指定在產生或編輯剖面線或漸層時是否要套用註記縮放。指定剖面線為可註解物件（註解物件為配置中使用）。

- **保持剖面線與邊界相關**：若邊線變更，則剖面線圖案和漸層（預設）會自動更新。依預設，剖面線和漸層會連結至邊界，因此會在邊界發生變更時自動更新。您也可以隨時移除該連結，並產生與其邊界無關的剖面線和漸層。

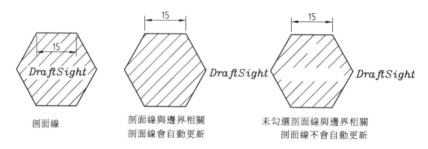

| 剖面線 | 剖面線與邊界相關
剖面線會自動更新 | 未勾選剖面線與邊界相關
剖面線不會自動更新 |

- **產生每個邊界的剖面線**：如果要一次產生數個區域的剖面線，此選項可產生獨立的剖面線或填補區域。若不勾選，則同一個剖面線指令所建立的剖面線將被視為同一個剖面線物件。

- **使用所選剖面線的屬性**：選擇已存在的剖面線圖元後，再指定新剖面線的圖元邊界，新產生的剖面線或填補會與所選的剖面線屬性相同。

- **位置**：指定剖面線的繪圖順序，根據預設，剖面線和填補會在剖面線和填補邊界的後方產生，以便更容易地選擇邊界。您可在邊界的後面或前面，也可以在所有其他圖元的後面或前面產生剖面線以及填補。位置選項包括**不指定**、**送至後方**、**帶回前方**、**送至邊界後方**（預設值）或**帶回邊界前方**，但是列印時都會一併印出。

10.5.5 額外的選項

按**額外的選項**按鈕，透過指定內部點來定義剖面線邊界時，此指令會偵測或忽略內部的封閉邊界、保留或刪除在產生剖面線時使用的初始封閉輪廓、為包含間隙的邊界產生剖面線、指定要分析以用於邊界偵測的圖元組、或者使用原點和透明選項，更清楚地顯示已加入剖面線的圖元。

◆ **尋找內部區域**

在區域中產生剖面線圖案時，設定偵測或忽略內部的封閉邊界。

● **縮小**：只在最外部區域產生剖面線圖案。

● **填補/替用填補**：在替換區域中產生剖面線圖案，從最外部區域開始（預設值）。

● **忽略**：忽略內部結構並在整個區域中加入剖面線。

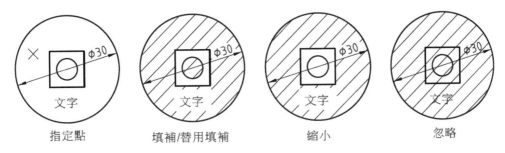

| 指定點 | 填補/替用填補 | 縮小 | 忽略 |

● **間隙（大小上限）**：當剖面線邊界有空隙未封閉時，您可能一時找不出來，這時可以工程圖圖面單位設定間隙大小來忽略間隙，讓您能正常的建立剖面線。

◆ **邊界保留**

初始封閉輪廓通常會在產生剖面線時被刪除，您可以勾選**保留邊界**，從類型清單中，選擇將邊界封閉輪廓產生成**聚合線**或**區域**。

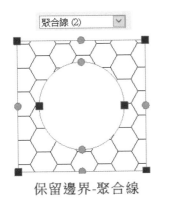
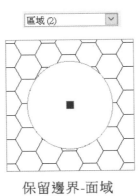
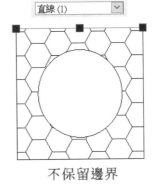

保留邊界-聚合線　　　保留邊界-面域　　　不保留邊界
　　　　　　　　　　樣式HONEY

10.6 填補

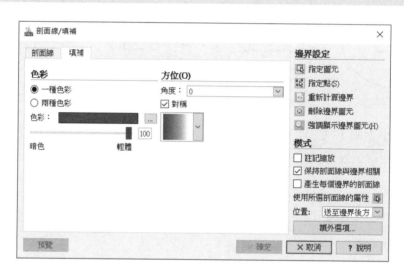

填補的一般選項設定與**剖面線**設定相同，差別在於它可以用實體色彩或漸層色彩填補封閉區域或指定的圖元。就像剖面線一樣，色彩填補可使工程圖更富意義，並有助區分不同的材料和區域。

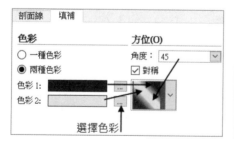

點選**一種色彩**或**兩種色彩**，再按一下**選擇色彩** … ，然後套用暗 - 亮滑動桿，設定漸層的色彩為暗或亮。要產生一致的實色填補，請點選**一種色彩**，然後在深淺滑動桿旁邊的欄位中輸入 50。

漸層樣式可以從樣式清單中選擇色彩漸層樣式，透過設定角度及選擇可確保邊界內的圖案是對稱的對稱選項（選擇性）。

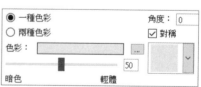

漸層樣式

10.7 編輯剖面線

指令TIPS 編輯剖面線

- 功能區：**常用→修改→編輯註記下拉選單→編輯剖面線** 🖼
- 功能表：**修改→圖元→剖面線**
- 指令：**EDITHATCH**

使用**編輯剖面線**指令，您可以修改剖面線圖案、實體色彩填補或漸層色彩填補，也可以加入其他圖元至要加入剖面線或填補的圖元組。

另一種快速方式是在現在的剖面線上快按滑鼠左鍵兩下即可編輯。

10.8 顯示順序

指令TIPS 顯示順序

- 功能表：**工具→顯示順序**
- 指令：**DISPLAYORDER**

使用**顯示順序**指令可以變更工程圖資料庫中任何圖元的繪製與繪圖順序。您可以將圖元移至排序順序的「前方」或「後方」，您也可以將圖元排序為與其他圖元相對，也就是在所選圖元的上方或下方，上方的圖元會優先顯示於圖面上，但列印時重疊的物件將會一併印出。

選取物件後，再按一下繪圖順序的一個選項圖示。

```
指令：DISPLAYORDER
指定圖元»：使用圖元選擇方式
預設：在後方(B)
選項：圖元上方(A),在後方(B),在前方(F)或圖元下方(U)
指定選項»：輸入選項後按Enter
```

- **在前方(F)**：將指定的圖元移至工程圖順序的頂端。
- **在後方(B)**：將指定的圖元移至工程圖順序的底部。
- **圖元上方(A)**：移動指定圖元至指定參考圖元的上方。

- **圖元下方(U)**：移動指定圖元至指定參考圖元的下方。

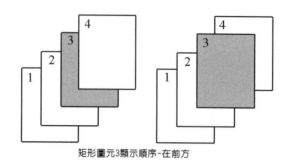

矩形圖元3顯示順序-在前方

您也可以選擇圖元後，再慢速按滑鼠右鍵，從快捷功能表中選擇圖元顯示順序：

10.9 練習題

1.

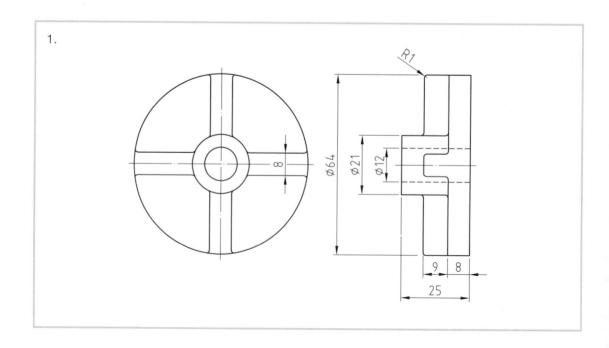

2.

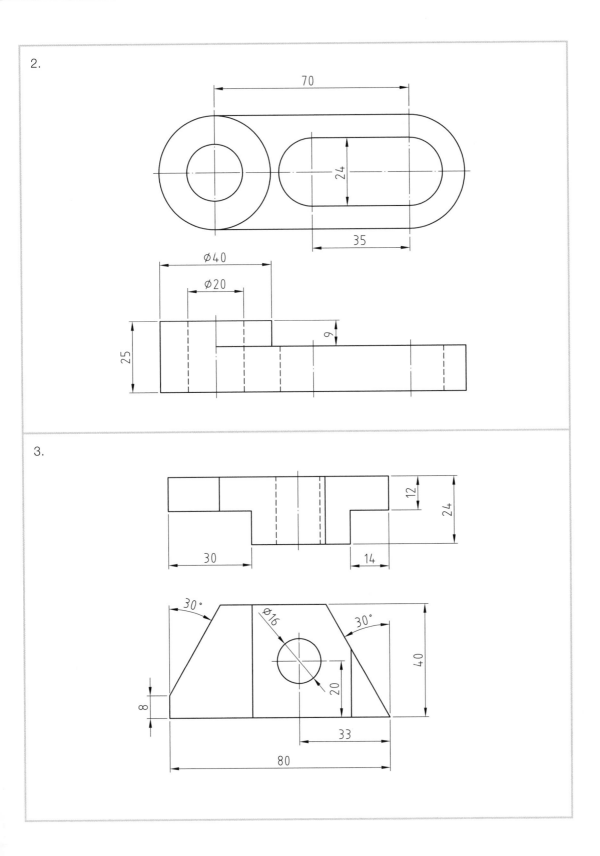

3.

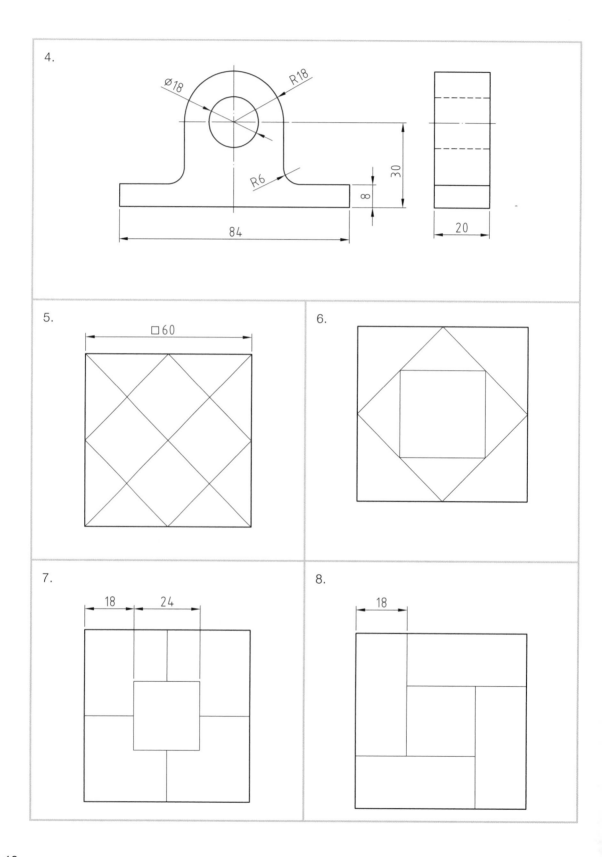

9.

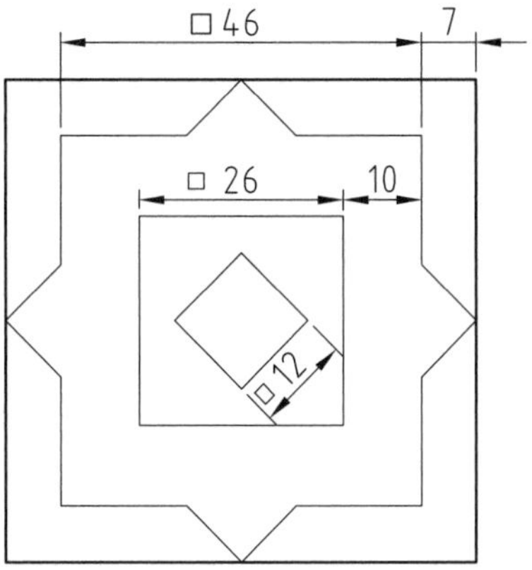

□46　7

□26　10

□12

10.

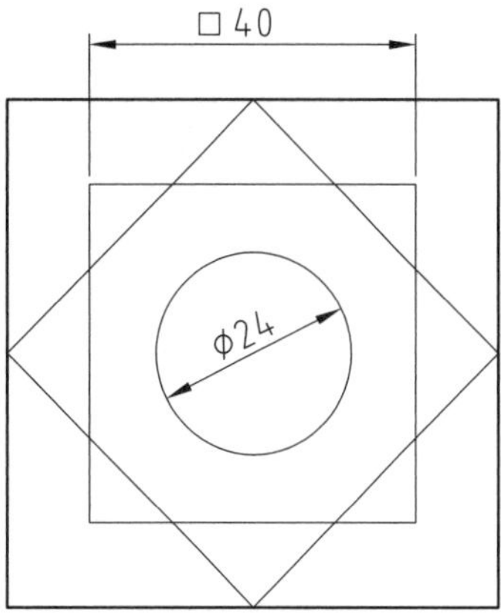

□40

φ24

11.

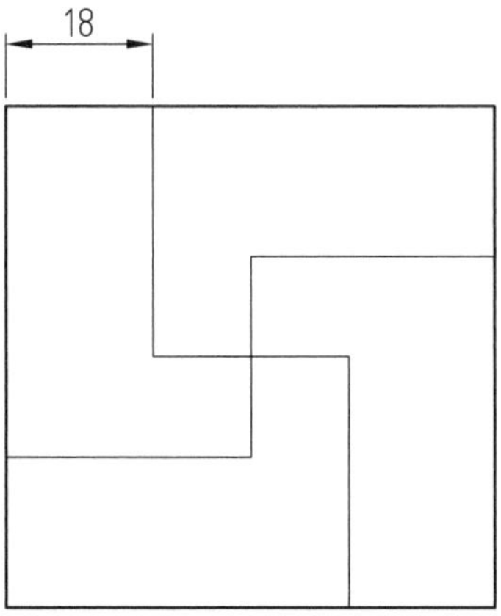

18

12.

10　20

13.

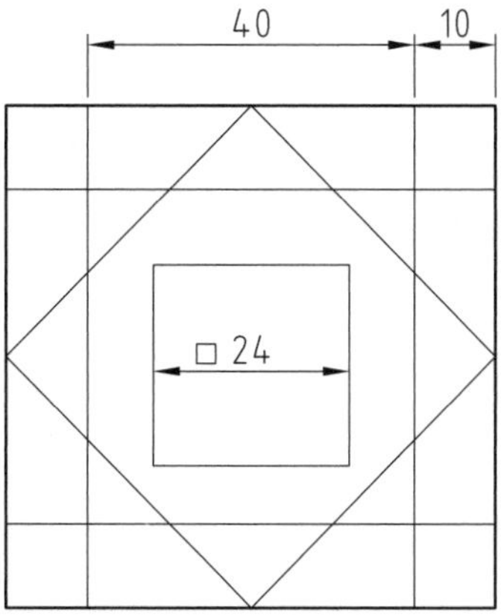

40　10

□24

14.

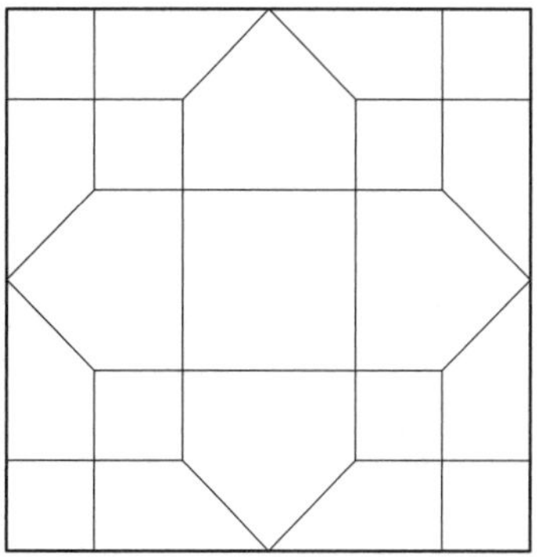

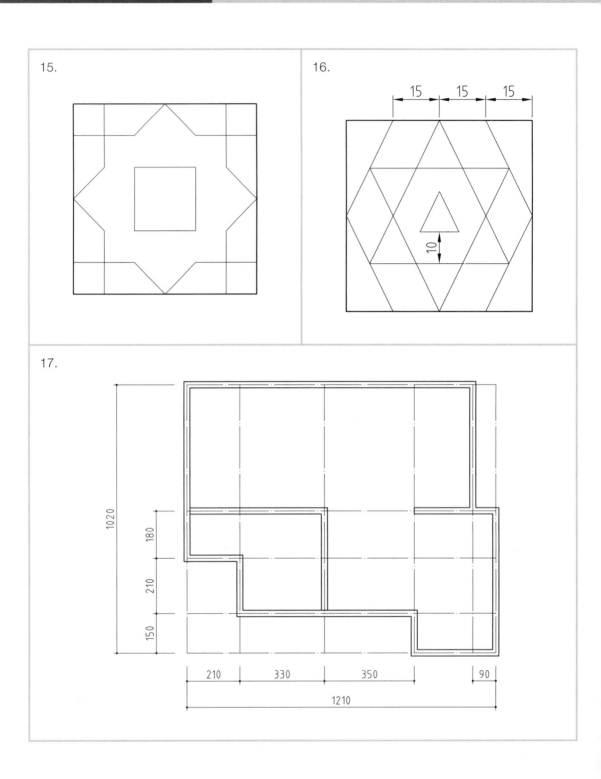

18.

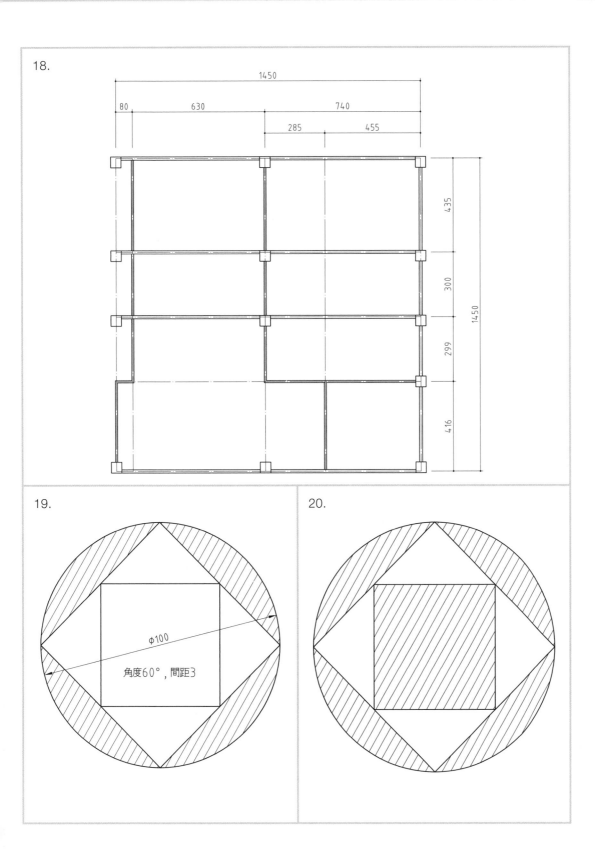

19.

φ100

角度60°，間距3

20.

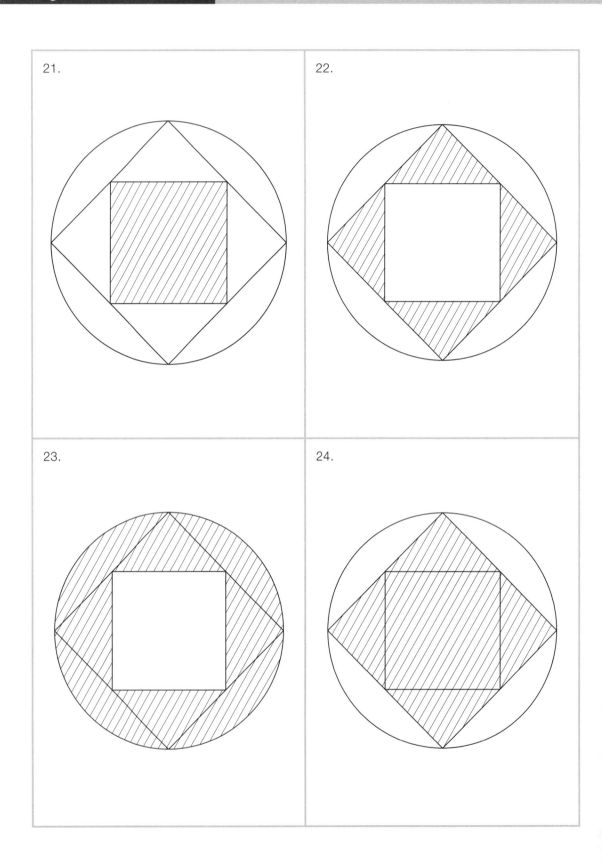

25.

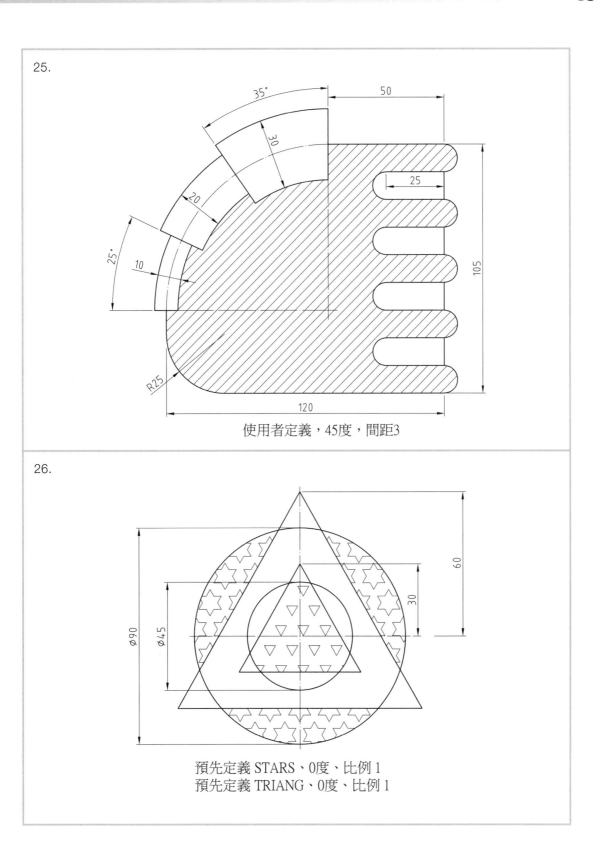

使用者定義，45度，間距3

26.

預先定義 STARS、0度、比例 1
預先定義 TRIANG、0度、比例 1

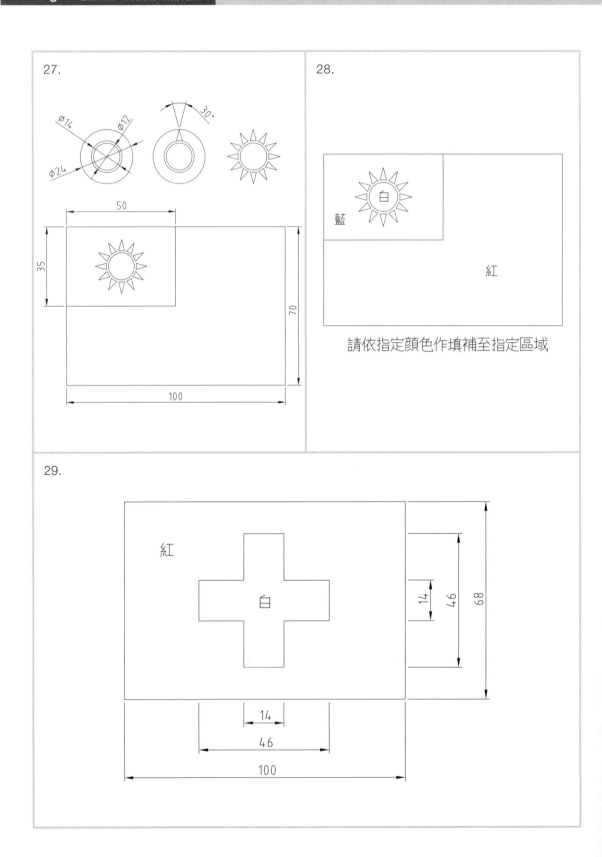

27.

28.

請依指定顏色作填補至指定區域

29.

30.

31.

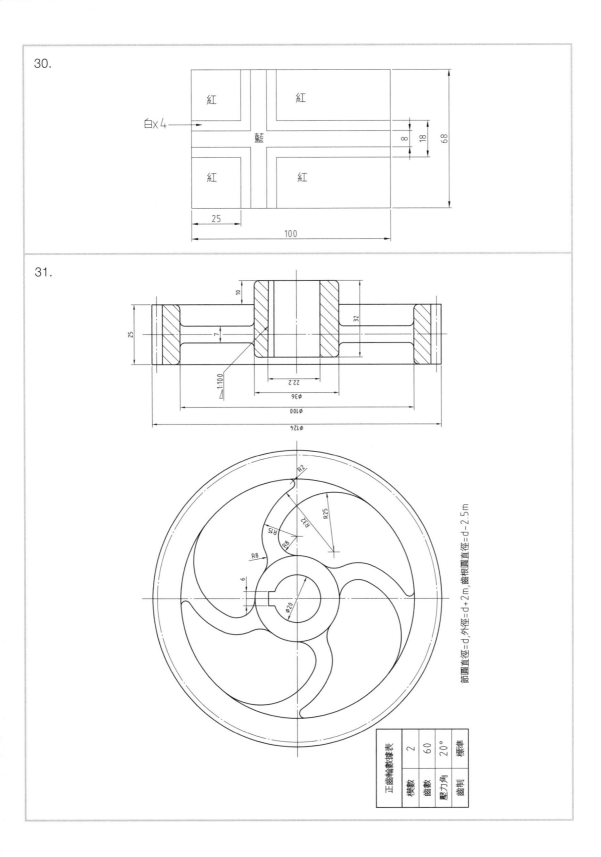

節圓直徑=d,外徑=d+2m,齒根圓直徑=d-2.5m

正齒輪輪數據表		
模數	2	
齒數	60	
壓力角	20°	
齒制	標準	

NOTE

11

尺寸標註

順利完成本章課程後，您將學會：

11.1 尺寸

　　尺寸即是製圖中的尺度標註,用來表示兩點、點和面以及面與面之間的距離或角度等,在 DraftSight 中則是將測量值或註記加入圖面的過程。

　　基本尺寸類型為:線性、徑向(半徑、直徑和凸折半徑)、角度、弧長;**線性尺寸**可以是水平、垂直、對正、旋轉、基準或連續,下圖列示了一些範例。

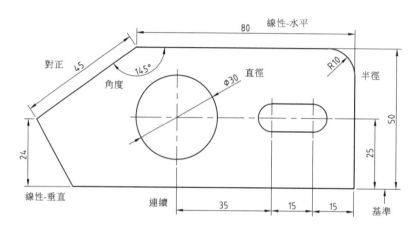

11.2 尺寸樣式

指令TIPS 尺寸樣式 🔍

- 功能區:**管理→自訂→選項→草稿樣式→尺寸**
- 功能表:**格式→尺寸樣式**
- 指令:**DIMENSIONSTYLE(DST)**

　　尺寸樣式是以一指定名稱設定尺寸規範,用以控制尺寸的外觀,例如箭頭樣式、文字位置、公差、比例等內容。在標註圖元時,可依循您建立的尺寸樣式內容標註尺度,使尺度符合業界或 CNS 的標準。

　　一般的尺度標註中包括尺度界線、尺度線、箭頭、數字(文字)、指線、註解等。在 CNS 內都有標準的規範,您可以在**草稿樣式→尺寸**對話方塊一一設定。

　　在**草稿樣式→尺寸**對話方塊中,預設顯示的樣式為目前使用中的樣式:**ISO-25**,您可以修改此樣式,變更設定來控制尺寸的外觀;也可以建立新樣式,套用預設尺寸樣式至新樣式中,所有修改與新建的內容都會被儲存在尺寸樣式中。

如果您變更尺寸樣式的某項設定，圖面中使用此樣式的所有尺寸均將自動更新。

- **啟動**：將選取的尺寸樣式設為使用中的尺寸樣式。

- **新增**：在**產生新的尺寸樣式**對話方塊中輸入名稱，在**基於**中，選擇一個現有的尺寸樣式。在**套用至**中，選擇所有尺寸。按**確定**後，在**尺寸**底下，設定尺寸樣式。

- **修改樣式**：直接於樣式下選擇一個尺寸樣式加以修改。

- **設定取代**：產生 "**名稱<樣式取代>**"，您可在其中設定尺寸樣式的暫時取代值，取代值會在**樣式**清單中的尺寸樣式下顯示為未儲存的變更。

- **差異**：顯示「**尋找尺寸標註樣式中的差異**」對話方塊，經比較兩種尺寸樣式後，底下會列出兩種尺寸樣式的差異處。

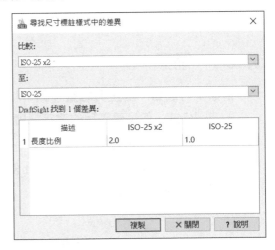

11.2.1 建立新尺寸樣式

按**新增**,輸入新樣式名稱CNS,按**確定**,此樣式會繼承ISO-25的所有設定。

- **名稱**:指定新的尺寸樣式名稱。
- **基於**:選擇一個現有的尺寸樣式,此樣式將作為新尺寸樣式的基本設定範本。
- **套用至**:建立僅可套用至所有尺寸標註或指定尺寸類型的尺寸樣式。例如,您可以建立僅可用於直徑尺寸標註的版本。

11.2.2 角度尺寸

角度尺寸設定值與線性尺寸相同,單位格式可選擇**十進位、度/分/秒、百分度**或**徑度**。CNS標準的弧長符號為**尺寸標註文字之前**。

隱藏前置零會將 "0.5" 顯示為 ".5";隱藏零值小數位數會將 "0.510" 顯示為 "0.51"。

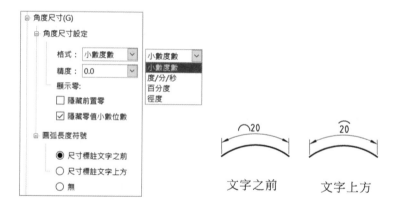

文字之前　　　　文字上方

11.2.3 箭頭

- **箭頭**:含**起始、終止**與**導線**箭頭,按下拉箭頭從選單中選擇可使用的箭頭樣式,像是建築用的**建築記號、傾斜體**或**空心點**等。

- **箭頭大小**:使用預設值2.5,若是因圖紙過大而無法正常檢視時,則需加大**擬合(填入)→尺寸標註比例**中的**縮放係數**來調整檢視,待列印時再調回比例1。

11.2.4　雙重尺寸

　　設定尺寸是否同時顯示2種單位（主要單位＋次要單位），例如：公制＋英制分數。這在一般製圖中並未使用，因此本例中並未設定。

11.2.5　擬合

　　如果在延伸線之間沒有足夠空間可放置文字和箭頭使用時，**擬合**選項可決定將以下指定圖元移出延伸線之外：

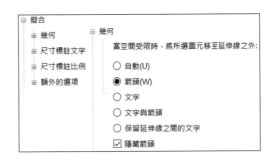

- **隱藏箭頭**：如果延伸線內部無法容納箭頭尺寸，則抑制箭頭。

- **幾何**：控制尺寸線內無法容納文字、箭頭時，強制移至延伸線之外。

　　常用的幾何選項使用(1)自動、(2)箭頭、(3)文字、(4)文字與箭頭。符合CNS標準可選擇(2)箭頭或(3)文字任一，若是文字位置不佳，可在標註尺寸後點選文字**掣點**來調整較佳位置。

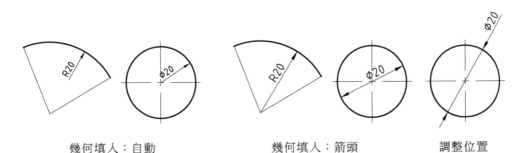

幾何填入：自動　　　　　幾何填入：箭頭　　　　　調整位置

- **尺寸標註文字**：當尺寸標註文字移動離開預設位置時，預設為尺寸線旁邊，置於尺寸線上方或帶導線不符合CNS製圖標準。

- **尺寸標註比例**：縮放係數為指定尺寸樣式設定的整體比例，它會影響大小、距離和間距，其中包括文字和箭頭大小，此縮放係數只控制顯示大小，在列印時改為1即可。

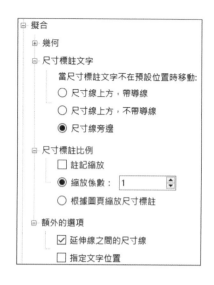

11.2.6 線性尺寸

- **格式**：設定主線性單位格式。

- **精度**：測量尺寸值的精度，若是整數值，則小數後面的零值可勾選**隱藏零值小數位數**來消除。例如，測量值為21.00則顯示為21。

- **小數分隔符號："."點**

- **字首**：加註至尺寸文字前的文字或特殊符號。例如，輸入控制碼%%c將顯示直徑符號Ø。

- **字尾**：加註至尺寸文字後的文字或特殊符號。例如，輸入mm將在尺寸文字後面加上mm。

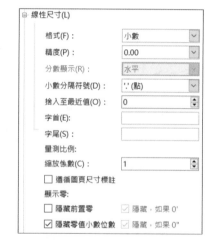

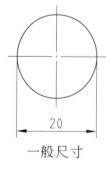

一般尺寸

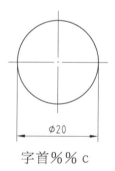

字首%%c

字首%%c，字尾+0.12

- **縮放係數**：強制將所有線性尺寸標註文字（包括直徑、半徑和座標的尺寸標註文字）乘以指定的縮放係數。角度尺寸和公差的加/減值不受影響。當繪製的圖形為1：2時，為維持1：1尺度值，此係數需設為2；當繪製的圖形為2：1時，此係數需設為0.5。

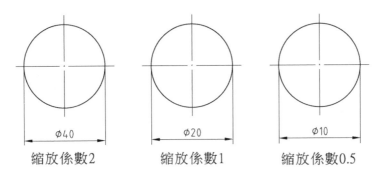

縮放係數2　　　　　縮放係數1　　　　　縮放係數0.5

11.2.7　直線

- 尺寸線與延伸線的色彩、樣式、線寬皆設定為ByLayer（**依圖層**），而不是ByBlock（**依圖塊**），這在標註的過程中，可將尺寸的性質都由圖層來控制，您也可以直接指定色彩（例：綠）。

- **偏移**設定為6mm，此為使用**座標**或**基準尺寸**標註時尺寸線之間距。

- **隱藏**：抑制尺寸線1或2、延伸線1或2的顯示，尺寸線即**尺度線**；延伸線即**尺度界線**。其中標註尺寸時，所選的第一點即第1條。

- 延伸線**偏移**設定為1mm，此為設定圖元與延伸線開始點之間的偏移間距。

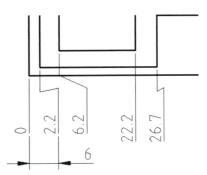

- **分割尺寸（尺寸拆分）**：分割與其他圖元交錯的尺寸線與尺寸界線時，預設間隙的寬度。

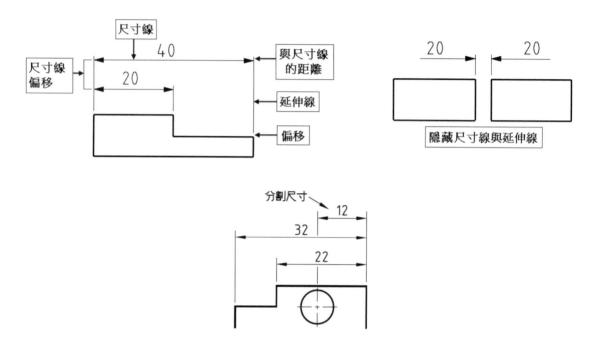

提示　若要隱藏個別尺寸的尺寸線或延伸線時，點選尺寸標註並開啟屬性調色盤，在選項列表中的線條與箭頭找到尺寸線或延伸線，選擇第1或第2條後，再選擇打開或關閉即可。

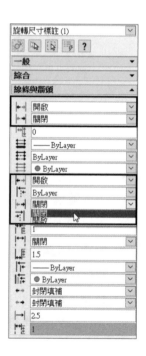

11.2.8 徑向/直徑尺寸

* **中心符號線顯示：作為標記**時，僅定義出標記顯示圓的中心點；**作為中心線**時，中心線會根據指定標準表示，將中心線加入中心符號線中。

* **大小**：標記為實際大小，作為中心線為超出圓外側的長度。

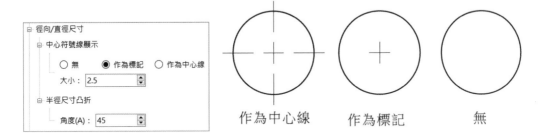

作為中心線　　　作為標記　　　無

* **半徑尺寸凸折**：設定凸折的角度值，如下圖所示。

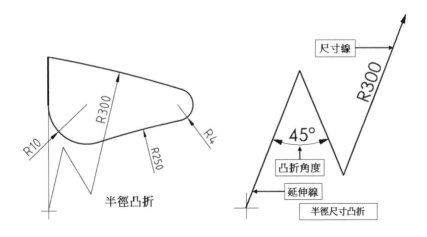

11.2.9 文字

設定文字的樣式、位置與對正方式。

- **樣式**：預設的文字樣式為 Standard，您也可以按  進入文字樣式設定畫面，字型為 ARisoP1.shx，勾選**大字型**（中文字使用），大字型為 chineset.shx。

- **色彩**：設定尺寸文字色彩，可選用 Blayer 或紅色。

- **填補**：設定尺寸文字背景色彩。

- **高度**：設定尺寸文字高度。

- **畫格尺寸標註文字**：在尺寸文字四周繪製畫格。

- **水平和垂直**：設定尺寸文字的水平與垂直位置。

- **從尺寸線的偏移**：設定文字從尺寸線的偏移距離。

- **文字對正**：關於文字的位置，只要點選尺寸標註後，再點選文字的掣點，拖曳至適當的位置放置即可，CNS 標準的對正為**與尺寸線對正**。

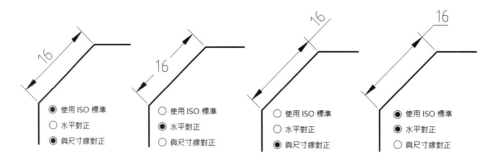

- **文字取代**：如圖，您可以在點選尺寸標註後，在**屬性**調色盤列表中的**文字**群組中找到文字取代列，在輸入框內輸入替換的文字後，按 Enter。您也可以使用**尺寸調色盤** 變更文字。

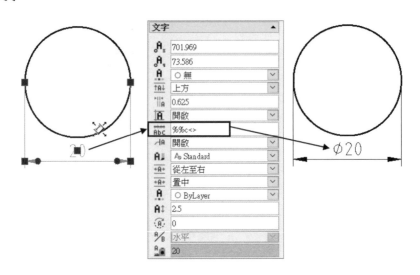

提示 文字的原始內容可以輸入角括弧 "<>"，例如：原始文字 Ø20，在文字取代列內輸入 "<>H7"，則文字顯示為 Ø20H7。但是已修改過的文字要變更公差時，公差將無法顯示。

11.2.10 公差

公差用在控制尺寸文字公差的顯示和格式。

* 公差設定

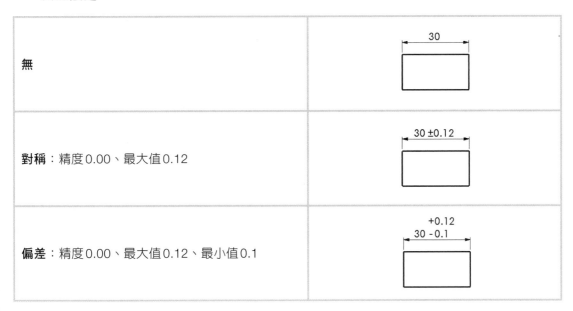

無	![30]
對稱：精度 0.00、最大值 0.12	30 ±0.12
偏差：精度 0.00、最大值 0.12、最小值 0.1	+0.12 30 - 0.1

限制：精度 0.00、最大值 0.12、最小值 0.12	30.12 29.88
基本	30
垂直位置：下（底端對正）	+0.12 30 - 0.12
垂直位置：中間（中央對正）	30 +0.12 - 0.12
垂直位置：上（頂端對正）	30 +0.12 - 0.12

11.2.11 按確定或按套用完成新尺寸樣式建立

提示 在點選尺寸標註之後，從屬性調色盤列表中的公差選擇公差顯示，再於相關輸入框內輸入公差上限、公差下限以及精度，即可修改個別尺度標註公差值，但是已修改過的文字無法顯示公差。

提示 變更尺寸文字及公差較佳方式為使用尺寸調色盤，請參閱 11.15 節。

11.3 尺寸標註設定

　　按**選項→工程圖設定→尺寸標註設定**，
從**尺寸抓取偏移距離**下勾選**啟用偏移距離**，
您可以將尺寸線強制放在與測量的線性圖元
間保持偏移距離的位置，以及在連續尺寸線
之間，或有指定的角度（若為半徑與直徑尺
寸）。

　　自動標註尺寸亦使用此**偏移距離**放置尺
寸。

11.4 線性

指令TIPS　線性 🔍

- 功能區：**首頁→註記→尺寸下拉選單→線性** ⊡
- 功能區：**註記→尺寸→尺寸下拉選單→線性** ⊡
- 功能表：**尺寸→線性**
- 指令：**LINEARDIMENSION(DIMLINEAR)**

　　線性尺寸只限於標註水平、垂直和旋轉的線性尺寸，若要標註與直線
平行的尺寸，必須輸入與圖元同向的旋轉角度，但是一般都直接使用**對正**
尺寸指令。

指令：LINEARDIMENSION
預設：圖元
選項：圖元(E)或
指定第一與第二個延伸線位置»：指定點或按Enter，然後指定要標註尺寸的圖元
選項：角度(A),水平(H),註解(N),旋轉(R),文字(T),垂直(V)或
指定尺寸線位置»：指定點或輸入選項
尺寸文字：××

- **圖元 (E)**：指定要標註尺寸的圖元。您可以指定直線、聚合線、圓和圓弧。接著會量測線性圖元的起點和終點，或是圓形圖元的直徑。
- **角度 (A)**：變更尺寸文字的角度，系統會提示您鍵入尺寸文字旋轉的角度。
- **水平 (H)**：量測定義點之間的水平距離，產生水平線性尺寸並與 X 軸平行。
- **註解 (N)**：透過**編輯註解**對話方塊中的多行文字編輯器變更尺寸文字。

- **旋轉 (R)**：輸入尺寸線指定的傾斜角度，建立一個傾斜線性尺寸。
- **文字 (T)**：變更新的尺寸文字，輸入角括弧 "**<>**" 為原始文字內容。
- **垂直 (V)**：量測定義點之間的垂直距離，產生垂直線性尺寸並與 Y 軸平行。

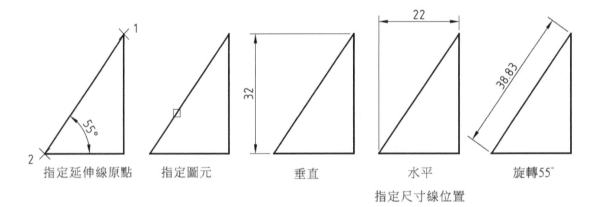

指定延伸線原點　　指定圖元　　　　垂直　　　　　水平　　　　旋轉55°

指定尺寸線位置

11.5 對正

指令TIPS　對正

- 功能區：**首頁→註記→尺寸下拉選單→對正**
- 功能區：**註記→尺寸→尺寸下拉選單→對正**
- 功能表：**尺寸→對正**
- 指令：**PARALLELDIMENSION(PARALLELDIM)**

　　對正尺寸能夠量測並標記兩個點之間的絕對距離，建立與圖元平行，並放置於指定位置的標註。在對正尺寸中，尺寸線與圖元或指定點連線平行，延伸線與圖元垂直或與指定點連線垂直。

指令：PARALLELDIMENSION
預設：圖元(E)
選項：圖元(E) 或
指定第一與第二個延伸線位置»：指定點或按Enter，然後指定要標註尺寸的圖元。
選項：角度(A),註解(N),文字(T) 或
指定尺寸線位置»：指定點或輸入選項
尺寸文字：××

- **圖元 (E)**：指定要標註尺寸的圖元。您可以指定直線、聚合線、圓和圓弧。對於直線、聚合線和圓弧，將會量測圖元的起點和終點。對於圓，則會量測直徑。圓上的選取點用作沿著圓周長的第一條延伸線的起點。
- 其他選項設定同**線性**尺寸。

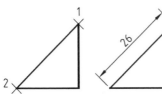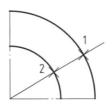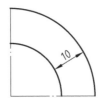

| 指定延伸線原點 | 放置尺寸線 | 指定延伸線原點 | 放置尺寸線後刪除線 |

11.6 角度

指令TIPS　角度 🔍

- 功能區：**首頁→註記→尺寸下拉選單→角度** △
- 功能區：**註記→尺寸→尺寸下拉選單→角度** △
- 功能表：**尺寸→角度**
- 指令：**ANGLEDIMENSION(ANGLEDIM)**

　　角度尺寸可以在工程圖中選擇圖元標註角度尺寸，圖元的選擇可以是兩條直線、圓弧的兩個終點、圓的周長上的任何兩個點、兩條非平行線或不在同一直線上的三點，以及產生兩個側邊之間內角的尺寸及外角尺寸。與線性尺寸相同，建立尺寸時，您可以在指定尺寸線位置之前修改文字內容與角度。

指令：ANGLEDIMENSION
選項：按 Enter 來指定頂點或
指定圖元»：指定弧、圓或線，或按 Enter，透過指定三個點來建立角度尺寸
指定第二條線»
選項：角度(A),註解(N),文字(T) 或
指定尺寸位置»：指定點或輸入選項
尺寸文字：××

● 其他選項設定同**線性**尺寸。

指定弧：以圓心連接弧的兩個端點，作為角度尺寸的定義點	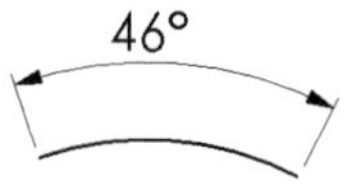
指定圓上兩點：選擇圓上的兩點，放置尺寸線。移至另一方向可轉另一個角度值	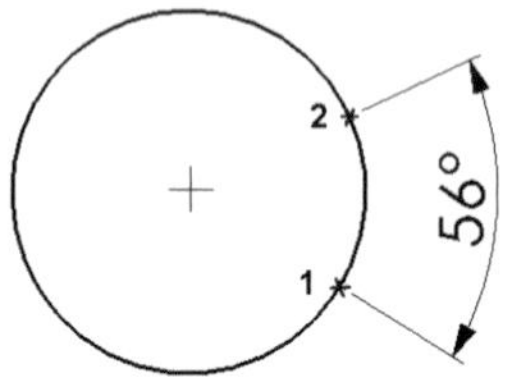
指定圖元（線）：選擇兩條線定義角度尺寸	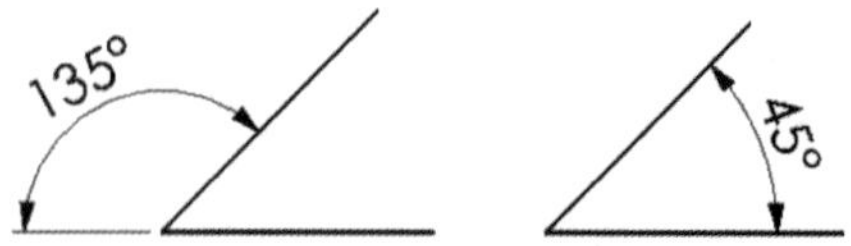
指定頂點：以指定的三點定義角度尺寸	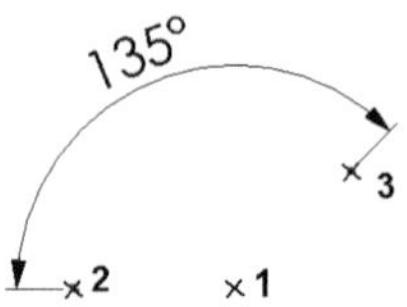

11.7 　直徑

- 功能區：**首頁→註記→尺寸下拉選單→直徑**⊘
- 功能區：**註記→尺寸→尺寸下拉選單→直徑**⊘
- 功能表：**尺寸→直徑**
- 指令：**DIAMETERDIMENSION(DIAMETERDIM)**

　　在選取弧或圓之後，**直徑**尺寸會測量所選圓或弧的直徑，並在直徑文字前加入直徑符號Ø，例如Ø30（若直徑符號無法正常顯示，應為**文字樣式**未設定）。

　　在**尺寸樣式→擬合（填入）→幾何**選項中，若選擇 **(1) 自動**，則尺寸線只顯示一端，不會連至圓心；若選擇 **(2) 箭頭**或 **(3) 文字**，尺寸線才會連至圓心，顯示雙箭頭，符合CNS規範。

指令：DIAMETERDIMENSION
指定彎曲的圖元»：選擇一個弧或圓
選項：角度(A),註解(N),文字(T) 或
指定尺寸位置»：指定點或輸入選項
尺寸文字：××

- 選項設定同**線性**尺寸。

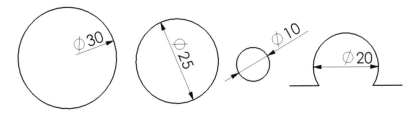

11.8 半徑

指令TIPS 半徑

- 功能區：首頁→註記→尺寸下拉選單→半徑 ⊘
- 功能區：註記→尺寸→尺寸下拉選單→半徑 ⊘
- 功能表：尺寸→半徑
- 指令：**RADIUSDIMENSION(RADIUSDIM)**

在選取弧或圓之後，**半徑尺寸**會測量弧或圓的半徑值，並在半徑文字前加入字母R，例如：R15。

在**草稿樣式→尺寸→擬合→幾何**選項中，若選擇 **(1) 自動**，則尺寸線會縮短，不會連至圓心；若選擇 **(2) 箭頭**或 **(3) 文字**，尺寸線才會連至圓心，符合CNS規範。

```
指令：RADIUSDIMENSION
指定彎曲的圖元»：選擇一個弧或圓
選項：角度(A),註解(N),文字(T) 或
指定尺寸位置»：指定點或輸入選項
尺寸文字：××
```

- 選項設定同**線性**尺寸。

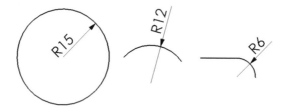

11.9 凸折

指令TIPS 凸折 🔍

- 功能區：首頁→註記→尺寸下拉選單→凸折
- 功能區：註記→尺寸→尺寸下拉選單→凸折
- 功能表：尺寸→凸折
- 指令：**JOGGEDDIMENSION(DIMJOGGED)**

　　凸折與半徑尺寸一樣，可測量所選取指定圓或圓弧的半徑，並在尺寸文字前面加上半徑符號R。與半徑尺寸不同的是，通常在圖頁太小而無法顯示徑向尺寸的實際中心點時，使用凸折指令可讓您為尺寸線指定另一個原點，它的尺寸線會縮短並凸折，並由使用者指定尺寸線的原點取代中心位置。

```
指令：JOGGEDDIMENSION
指定彎曲的圖元»：選取弧、圓或聚合線弧段
指定中心位置取代»：指定點作為新中心點
選項：角度(A),註解(N),文字(T) 或
指定轉折線位置»：指定轉折點位置或輸入選項
指定尺寸文字位置»：指定點
尺寸文字：××
```

- 選項設定同**線性**尺寸。

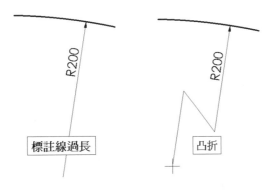

11.10 弧長

指令TIPS　弧長

* 功能區：首頁→註記→尺寸下拉選單→弧長
* 功能區：註記→尺寸→尺寸下拉選單→弧長
* 功能表：尺寸→弧長
* 指令：**ARCLENGTHDIMENSION(DIMARC)**

尺寸

    ✎ 對正
    ⌐ 線性
    ⌐ 角度

    ⊘ 直徑
    ⊙ 半徑
    ↗ 凸折
    ⌒ 弧長
    ⊡ 座標

　　弧長指令可以產生弧長尺寸，它可測量沿著圓弧或聚合線的圓弧線段的長度，為區分弧長尺寸與線性或角度尺寸，圓弧符號顯示時將附有尺寸文字，**圓弧符號**會依目前的**尺寸樣式**設定，顯示於文字前面或文字上方。

```
指令：ARCLENGTHDIMENSION
指定彎曲的圖元»：選擇一個圓弧或是聚合線的圓弧線段
選項：角度(A),註解(N),部份(P),文字(T)或
指定尺寸位置»：指定點或輸入選項
尺寸文字：××
```

* **局部 (P)**：讓您標註圓弧部份的長度尺寸。指定圓弧上的兩個點：一個點位於弧長尺寸開始的位置，另一個點位於弧長尺寸結束的位置，使用圖元抓取功能確保以上兩個點都位於圓弧上。
* 其他選項設定同**線性**尺寸。

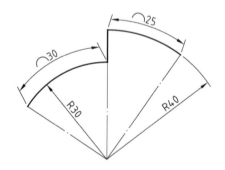

11.11 智慧型

指令TIPS　智慧型

* 功能區：首頁→註記→智慧型；註記→尺寸→**智慧型**
* 功能表：尺寸→**智慧型**
* 指令：**SMARTDIMENSION**

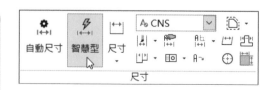

　　當您使用**智慧型**指令時，透過指定直線、聚合線線段、圓弧、圓形和圓環等圖元，指令可即時預覽顯示適合的尺寸類型，這時在圖面按游標指定尺寸位置即可建立尺寸。

　　對於平行於或不平行於座標系統軸的線性圖元，指令會根據您移動指標的位置而產生對正尺寸（測量兩點之間的絕對距離）或水平或垂直尺寸（測量兩點之間的水平或垂直距離）。

　　對於彎曲圖元，您可以產生徑向、直徑、線性、角度和弧長尺寸，如果必要可以使用選項變更尺寸類型。

指令動作	尺寸類型
指定要標註尺寸或點的圖元»：選擇線 選項：鎖定(L) 或 指定尺寸文字位置、另一個圖元或另一點»：放置尺寸線 選項：復原(U) 或	
指定要標註尺寸或點的圖元»：選擇線 選項：鎖定(L) 或 指定尺寸文字位置、另一個圖元或另一點»：放置尺寸線 選項：復原(U) 或	
指定要標註尺寸或點的圖元»：選擇線 1 選項：鎖定(L) 或 指定尺寸文字位置、另一個圖元或另一點»：選擇線 2 指定尺寸文字位置»：放置尺寸線 選項：復原(U) 或	
指定要標註尺寸或點的圖元»：選擇弧線 選項：半徑(R), 線性(LI) 或 指定要標註尺寸或點的圖元»：放置尺寸線 選項：復原(U) 或	
指定要標註尺寸或點的圖元»：選擇弧線 選項：直徑(D), 線性(LI), 角度(AN), 弧長(AR) 或 指定要標註尺寸或點的圖元»：放置尺寸線 選項：復原(U) 或	
指定要標註尺寸或點的圖元»：選擇弧線 選項：直徑(D), 線性(LI), 角度(AN), 弧長(AR) 或 指定要標註尺寸或點的圖元»**AN[Enter]** 選項：直徑(D), 半徑(R), 線性(LI), 弧長(AR) 或 指定要標註尺寸或點的圖元»：放置尺寸線 選項：復原(U) 或	

指令動作	尺寸類型
指定要標註尺寸或點的圖元»：選擇弧線 選項：直徑(D), 線性(LI), 角度(AN), 弧長(AR)或 指定要標註尺寸或點的圖元»**AR[Enter]** 選項：直徑(D), 半徑(R), 線性(LI), 角度(AN)或 指定要標註尺寸或點的圖元»：放置尺寸線 選項：復原(U)或	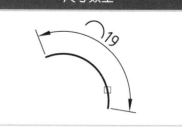

> **提示**　選擇的選項在您下次使用智慧型指令時將成為預設值。

11.12 分割尺寸

指令TIPS　分割尺寸 🔍

- 功能區：**註記→尺寸→分割尺寸** 🔲
- 功能表：**尺寸→分割尺寸**
- 指令：**SPLITDIMENSION**

　　為使互相重疊或交叉的尺寸線在圖中看起來能簡潔些，使用**分割尺寸**指令可以在尺寸圖元與其他圖元相交處切斷尺寸線、延伸線或導線，並維持為原來整體尺寸模式，而不是分散的圖元。您也可以結合已分割的尺寸線和尺寸界線。

　　您可以在線條、聚合線、圓弧、圓、橢圓、不規則曲線、導線、註解、簡單註解和其他尺寸處產生分割尺寸。當分割屬於圖塊或參考的一部分時，也會在這些類型的圖元處產生，結合分割尺寸的圖元選擇時亦相同。

　　若相交的圖元有任何更動，尺寸圖元的切斷點會自動更新。

```
指令：SPLITDIMENSION
選項：多個(M)或
指定要拆分或結合的尺寸或多導線»：選擇要被分割或結合的尺寸
找到1
預設：預設間隙(D)
選項：預設間隙(D), 指定間隙(S), 結合(J), 結束(X)或
指定要拆分尺寸的圖元»：按Enter結束選擇
已拆分1個圖元
```

- **多個 (M)**：指定要加入分割或結合分割的多個尺寸。

- **預設間隙 (D)**：使用預設間隙分割尺寸，預設間隙大小儲存在尺寸樣式中。

- **指定間隙 (S)**：可在個別尺寸中指定起點與端點，套用指定間隙，但在分割多個尺寸線與尺寸界線時，無法使用此選項。

- **結合 (J)**：結合分割的尺寸線和尺寸界線。

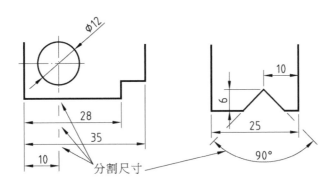

11.13 編輯尺寸文字與箭頭

指令TIPS 編輯尺寸文字 🔍

- 功能區：**註記→尺寸標註文字編輯** [圖]
- 功能表：**尺寸→對正文字→角度、中心、重設、左、右**
- 指令：**EDITDIMENSIONTEXT**

建立尺寸後，最常見的是直徑尺寸文字或半徑尺寸文字的位置不佳，這時您可以使用**尺寸文字編輯**移動或旋轉單一尺寸的尺寸文字。

你也可以點選尺寸文字後，選擇掣點移動文字，或在掣點上按滑鼠右鍵，從快捷功能表中選擇選項。

```
指令：EDITDIMENSIONTEXT
指定尺寸»：選擇要被編輯的尺寸
找到1
選項：角度(A),中心(C),原位(H),左(L),右(R)或
指定新的文字位置»：指定新位置，或輸入選項
```

- **角度 (A)**：依指定的角度圍繞尺寸文字中心旋轉，X軸正向為0度。
- **中心 (C)**：將尺寸文字放在尺寸線的中央位置。
- **原位 (H)**：移動尺寸文字至其原始位置（依尺寸樣式文字位置而定）。
- **左 (L)**：將文字移至尺寸內靠左對齊的位置。
- **右 (R)**：將文字移至尺寸內靠右對齊的位置。

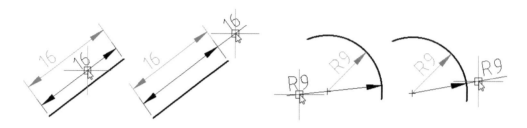

11.13.1 修改尺寸的箭頭樣式

當您選擇尺寸時，圓形反轉箭頭掣點會出現在尺寸箭頭上，你可以按圓形掣點反轉箭頭方向。

若要修改尺寸的箭頭樣式時，一樣在圖面中選擇尺寸，移動指標至反轉箭頭掣點上，系統自動顯示箭頭樣式清單，您可以在清單中選擇樣式變更箭頭。

當您建立新尺寸時，箭頭的樣式和大小取決於使用中的尺寸樣式。在尺寸樣式中對箭頭樣式所做的變更並不會變更您個別修改的箭頭樣式。

11.14 修改尺寸

指令TIPS 修改尺寸 🔍

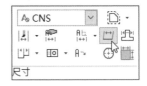

- 功能區：**註記→尺寸→傾斜** ⌐
- 工具列：**尺寸標註編輯** 🖉
- 指令：**EDITDIMENSION**

使用此指令可以變更尺寸文字的位置、角度和值，以及尺寸延伸線的方位。

- **角度**：旋轉現有尺寸的尺寸文字。指定旋轉角度。要將旋轉的尺寸文字回復為其預設方位，請輸入0°的角度。
- **原位**：復原尺寸文字的移動或旋轉，並且恢復至其原始位置（預設值）。
- **移動**：一次操作同時重新定位尺寸線以及現有尺寸的文字。
- **新增**：修改尺寸文字值。輸入文字值或<>以代表產生的量測。您可以將尺寸回復為其產生的量測，或是在產生的量測加入前置或後置。例如，如果尺寸量測結果產生24，則N-<>可產生值N-24。
- **傾斜**：修改現有線性尺寸的方向。輸入延伸線的新角度。在插入尺寸，或選擇尺寸以變更尺寸標註文字的屬性及格式時，會出現尺寸調色盤。

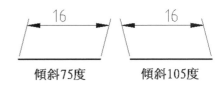

傾斜75度 　　　傾斜105度

11.15 尺寸調色盤

除了前面的編輯尺寸文字、屬性調色盤調整公差之外，在**選項→使用者偏好→草稿選項→尺寸調色盤**中，您可以開啟和關閉尺寸調色盤的使用，然後設定儲存**尺寸標註文字檔案**（*.dimfvt）至最愛資料庫路徑。

在啟用尺寸調色盤之下，系統會在插入尺寸或選擇要編輯的尺寸以變更尺寸標註文字的屬性及格式時，自動顯示**尺寸調色盤** 圖示，您只要將游標移至圖示上，畫面中即會自動彈出尺寸調色盤對話方塊。使用尺寸調色盤，您可以變更尺寸的公差、精度和文字對正格式設定，而不必使用屬性調色板。

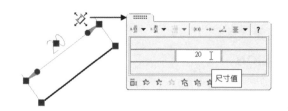

您可以使用尺寸調色盤來設定線性、角度、直徑、弧長及座標尺寸的格式，當您已使用過尺寸調色盤時，系統會自動儲存在**最近**選單中，這時，您只要從**最愛清單**選擇**最近**標籤中的項目，即可重複使用其他尺寸（例如參考尺寸或公差）的格式設定。

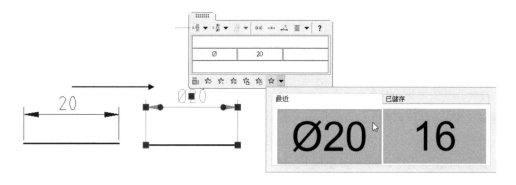

11.15.1 調色盤屬性

為可以重複使用尺寸標註文字中的格式設定，您可以使用調色盤頂端的按鈕讓您變更尺寸標註文字及公差的屬性與格式設定，以及下方最愛列中的各個選項：

選項	功能
公差顯示	**無**：不產生公差值。 **對稱**：將加/減公差值附加至尺寸量測，以該單一值表現正偏差與負偏差。 **偏差**：將偏差的個別加減值附加到尺寸量測結果中。 **限制**：以上下方位顯示最大值與最小值。 **基本**：以單一值（周圍有方塊）顯示其他的尺寸量測結果與偏差。
單位精度	設定尺寸值的精度，0到8個小數位數。

選項	功能
公差精度	設定公差的小數位數，僅在公差顯示設定為**對稱**或**偏差**時才可供使用。
加入括弧	將括弧置於尺寸標註文字周圍，參考尺寸會顯示在括弧中。
使尺寸標註文字置中	將尺寸標註文字置中於延伸線之間。
偏移尺寸標註文字	決定尺寸標註文字移動的行為： 如果清除此選項，尺寸線位置會跟隨尺寸標註文字移動。 如果選擇此選項，導線會將移動的尺寸連接到尺寸線，使其保持在其位置上。
文字調整	建立尺寸標註文字的水平和垂直調整。
自動排列	參閱**自動排列**指令。
套用預設	讓所選擇的尺寸回復到其原始的尺寸樣式狀態。
儲存最愛	指定一個名稱或是選擇現有名稱，將最愛儲存至工程圖中。 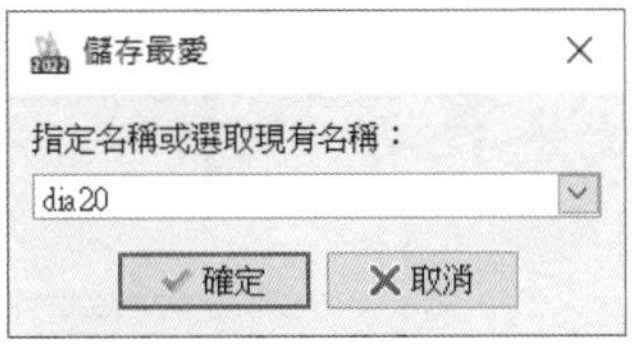
刪除最愛	刪除目前工程圖中最愛清單的已儲存標籤。 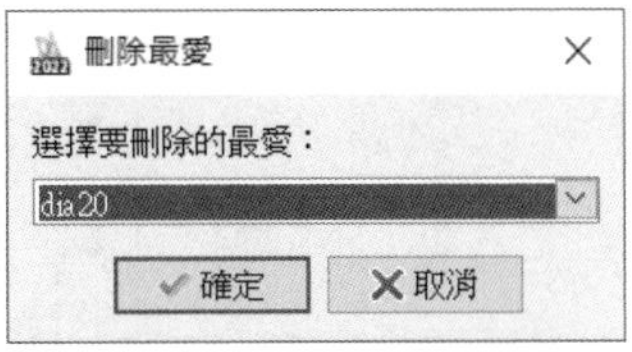
輸出最愛	將最愛輸出為類型（＊.dimfvt）的檔案，並儲存在預設的路徑中，供其他工程圖使用。
輸入最愛	輸入所儲存的最愛檔案至目前的工程圖中。
最愛清單	最愛清單中內含**最近**與**已儲存**標籤，您可以從兩個標籤中選擇想要的最愛。

11.16 練習題

1.

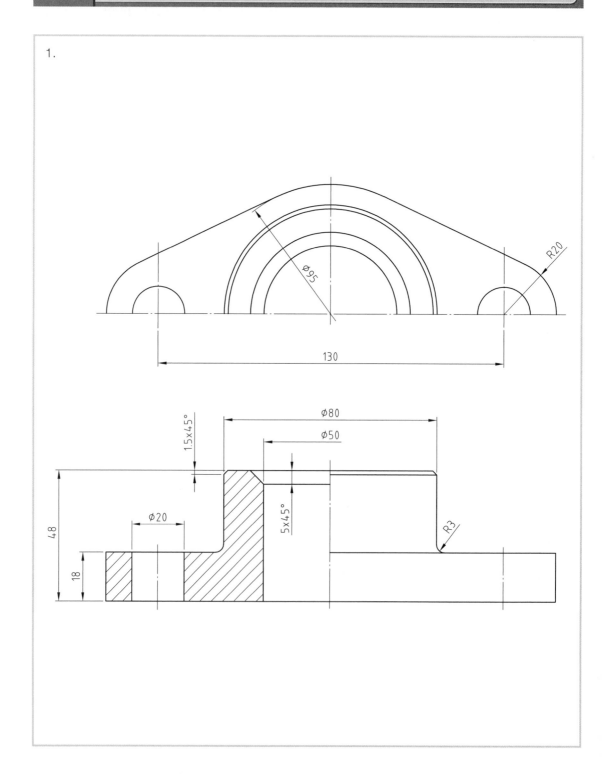

2.

3.

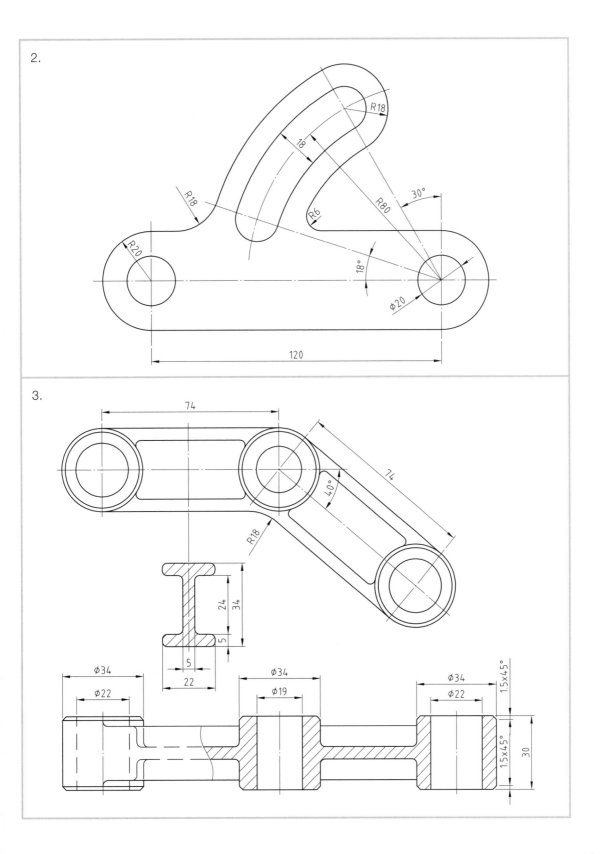

4.

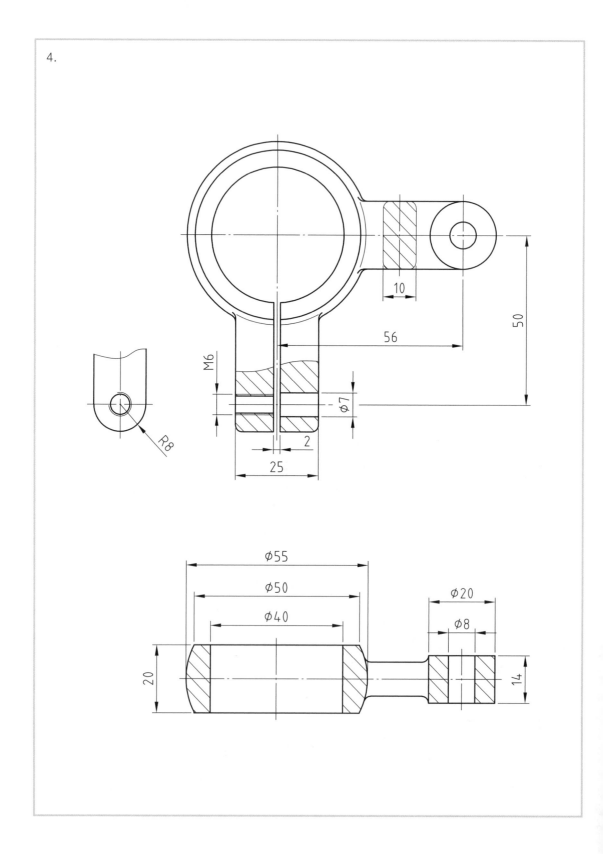

5.

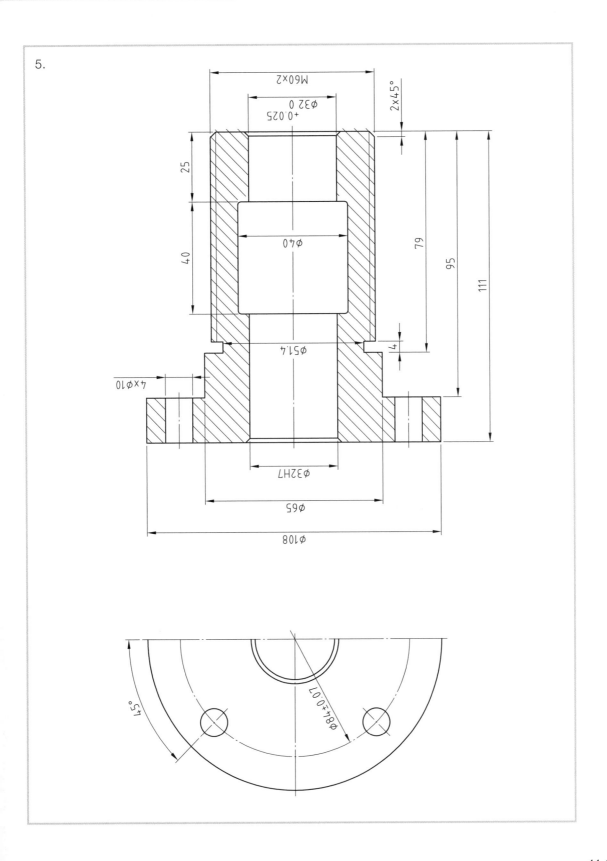

NOTE

12

尺寸

順利完成本章課程後，您將學會：

- 基準尺寸
- 連續式
- 座標尺寸
- 中心符號線
- 尺寸邊界方塊
- 自動標註尺寸
- 自動排列尺寸
- 幾何公差與公差編輯
- 智慧型導線
- 多導線樣式
- 多導線

12.1 基準尺寸

指令TIPS 基準尺寸

- 功能區：註記→尺寸→連續下拉選單→基準 ⊞
- 功能表：尺寸→基準
- 指令：**BASELINEDIMENSION(BASEDIM)**

基準尺寸指令是在已有的線性、角度或座標尺寸作為基準尺寸時，以產生一連串共用相同基準的平行線性尺寸。

您應先建立線性、角度或座標尺寸後，再執行**基準**尺寸，系統將提示選擇一個點作為第二條延伸線原點。而在其他情況下，系統將提示您選擇一個現有的線性、角度或座標尺寸作為基準尺寸。

此尺寸標註類型可確保相關的線性、角度或座標尺寸會存在於工程圖中。

指令：**BASELINEDIMENSION**
預設：基準尺寸(B)
選項：基準尺寸(B),復原(U) 或
指定第二個延伸線位置»：指定點、輸入選項或按 Enter 來選取基準尺寸
指定基準尺寸»：選取線性尺寸或角度尺寸
預設：基準尺寸(B)
選項：基準尺寸(B),復原(U) 或
指定第二個延伸線位置»：指定點或輸入選項

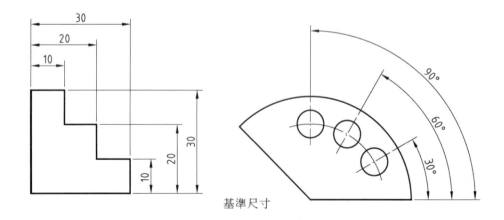

基準尺寸

12.2 連續式

指令TIPS 連續 🔍

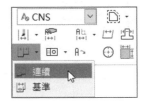

- 功能區：**註記→尺寸→連續下拉選單→連續** 🖭
- 功能表：**尺寸→連續**
- 指令：**CONTINUEDIMENSION(DIMCONT)**

與基準不同的是，**連續式**尺寸是從上一個或指定尺寸的延伸線為基準繼續加入線性、角度或座標尺寸。此指令是線性尺寸標註的變化，現有尺寸標註將會繼續或延伸。第二個尺寸會連結至現有尺寸以產生尺寸標註鏈。

此尺寸標註類型是假設現有線性、角度或座標尺寸是作為鏈的基準。

```
指令：CONTINUEDIMENSION
預設：選擇尺寸(S)
選項：選擇尺寸(S),復原(U) 或
指定第二個延伸線位置》：指定點、輸入選項按 Enter
尺寸文字：××
預設：選擇尺寸(S)
選項：選擇尺寸(S),復原(U) 或
指定第二個延伸線位置》：輸入 S 按 Enter
指定尺寸》：選取線性尺寸、座標尺寸或角度尺寸
```

- **選擇尺寸 (S)**：選擇一個現有的線性、角度或座標尺寸作為基準尺寸。

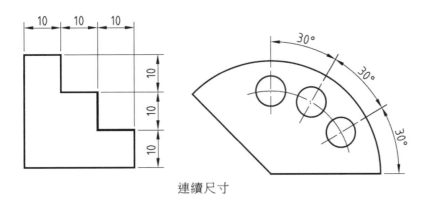

連續尺寸

12.3 座標尺寸

- 功能區：**首頁→註記→尺寸下拉選單→座標** 🗗
- 功能區：**註記→尺寸→尺寸下拉選單→座標** 🗗
- 功能表：**尺寸→座標**
- 指令：**ORDINATEDIMENSION(ORDDIM)**

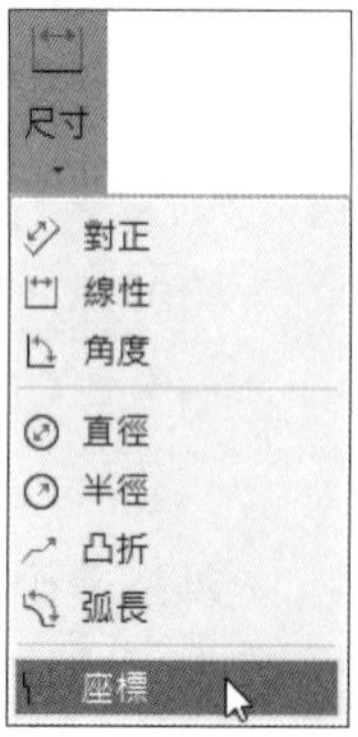

座標尺寸可標註從基準面 X 或 Y 的原點到特徵（如零件上的孔）的水平或垂直距離，只要指定尺寸的起始點，再拖曳導線至適當的位置放置即可。

依預設，標註的尺寸會直接從世界座標原點計算起，即指定點的 X 或 Y 軸尺寸，因此您必需先指定一個起始點為基準點，下列有兩種方式：

12.3.1 座標尺寸+連續尺寸

首先您必須先用**座標**尺寸，使用**設為零 (Z)** 選項，將起始點標註為 0 之後，再使用**連續**尺寸指定下一個尺寸位置，此方式不會影響到座標系統的原點。

每個尺寸之間的間距會自動依**草稿樣式→尺寸→直線→尺寸線設定→偏移**中的設定值而定，如圖中的間距值 d。

```
指令：ORDINATEDIMENSION
指定基準位置»：指定起始點
選項：角度(A),註解(N),文字(T),X基準(X),Y基準(Y),設為零(Z)或
指定尺寸位置»：輸入Z，按Enter
選項：角度(A),註解(N),文字(T),X基準(X),Y基準(Y),設為零(Z)或
指定尺寸位置»：指定尺寸位置
尺寸文字：0
```

- **角度 (A), 註解 (N), 文字 (T)**：設定同**線性**尺寸。
- **X 基準 (X)**：量測 X 座標，決定導線和尺寸文字的方位。
- **Y 基準 (Y)**：量測 Y 座標，決定導線和尺寸文字的方位。
- **設為零 (Z)**：依指定的位置決定基準點，並設尺寸值為 0。

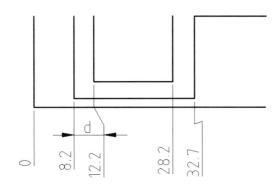

12.3.2 使用者座標 + 座標尺寸（ + 連續尺寸）

為使起始點設為基準原點0，您必須先用**CCS**指令定出起始點為使用者原點，XY座標符號會移至新座標原點上。待標註座標尺寸之後，再用**CCS**的**世界 (W)**，回復原始的世界座標系統。

在您指定新座標原點後，因**座標**尺寸只能一次標註一個尺寸，而且無法依**尺寸偏移間距**排列，因此一樣先用**座標**尺寸標註原點0之後，再用**連續**尺寸標註後續尺寸為較佳方式。

```
指令：CCS
預設：世界
選項：對正圖元(E),面(F),已命名(NA),上一個(P),檢視(V),世界(W),X,Y,Z,Z軸(ZA) 或
指定原點»：指定起始點為使用者原點
選項：按Enter來接受或
指定穿過點的X-軸»：按Enter或指定X軸點
選項：按Enter來接受或
指定穿過點的XY-基準面»：按Enter或指定Y軸點
```

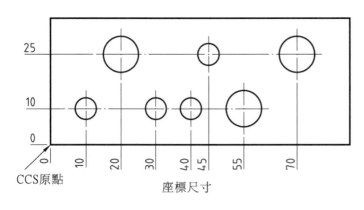

座標尺寸

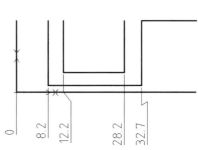

12.4 中心符號線

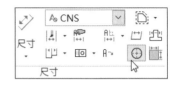

指令TIPS 中心符號線

* 功能區：註記→尺寸→中心符號線 ⊕
* 功能表：尺寸→中心符號線
* 指令：**CENTERMARK(CM)**

　　中心符號線指令可以標示圓或圓弧的中心，您可以將中心顯示為標記（一個點）或是顯示為中心線（經過中心斷開的線）。

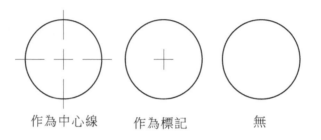

作為中心線　　作為標記　　無

12.5 尺寸邊界方塊

指令TIPS 尺寸邊界方塊

* 功能區：註記→尺寸→尺寸邊界方塊 ⬚
* 功能表：尺寸→尺寸邊界方塊
* 指令：**DIMBOUNDINGBOX**

　　尺寸邊界方塊指令可用來產生或刪除等用於封閉所選圖元的尺寸邊界方塊，並以X-Y平面上灰色虛線構成的矩形表示。尺寸邊界方塊中可以新增或移除圖元，尺寸邊界方塊會自動更新。

　　在尺寸邊界方塊內，您可以用**智慧型**尺寸以及**自動標註**尺寸指令，以加速標註尺寸。

尺寸邊界方塊是由**選項→工程圖設定→尺寸抓取偏移距離**對話方塊中指定的邊界方塊設定所控制，要顯示或隱藏邊界方塊，您可以按狀態列上的**尺寸邊界方塊**按鈕 。

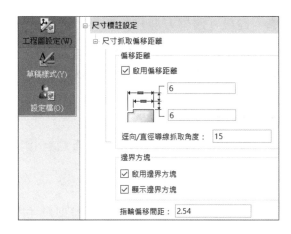

● 產生尺寸邊界方塊

1. 按狀態列上的按鈕 啟用**尺寸邊界方塊**。

2. 在圖面中指定圖元後按 Enter 鍵，或在圖面選擇圖元後，按滑鼠右鍵，從快捷功能表中選擇**尺寸邊界方塊→產生**，即可產生尺寸邊界方塊。

3. 系統在所選圖元周圍產生尺寸邊界方塊（矩形虛線）。

在產生尺寸邊界方塊後，您無法在圖面中選擇及編輯尺寸邊界方塊，它只會在圖元組變更時自動更新，例如現有幾何變更、新圖元加入至邊界方塊、從工程圖中刪除部分圖元、從尺寸邊界方塊中移除部分圖元。

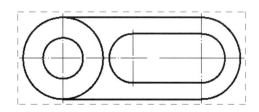

● 刪除尺寸邊界方塊

按**尺寸邊界方塊→刪除** ，指定尺寸邊界方塊的內部點即可刪除。

● 附加圖元至尺寸邊界方塊內

按**尺寸邊界方塊→附加至** ，選擇要附加至尺寸邊界方塊中的圖元後，再指定尺寸邊界方塊的內部點，尺寸邊界方塊即自動更新。

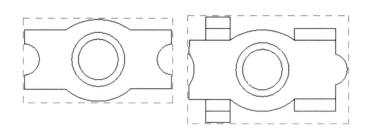

● **從尺寸邊界方塊移除圖元**

按**尺寸邊界方塊→從以下項目移除** 🔲，從尺寸邊界方塊中選擇要移除的圖元，但在工程圖中並未刪除，尺寸邊界方塊會根據剩餘的圖元組自動更新。

● **更新尺寸邊界方塊**

按**尺寸→尺寸邊界方塊→更新** 🔲，指定尺寸邊界方塊的內部點即可更新。

● **使用尺寸邊界方塊**

在產生尺寸邊界方塊後，智慧型尺寸指令會使用這些方塊讓尺寸彼此對齊，此外，尺寸 Widget 🔵🔴🔵🔵 還可以協助在定義的位置上指定半徑、直徑和線性尺寸的位置。當您將指標停留在 Widget 每一側或四分之一點時，即會顯示尺寸的預覽。按某一側或四分之一點時，即會將尺寸放置於圖元側邊尺寸邊界方塊的邊界外。

重複選擇圖元即可持續標註尺寸。

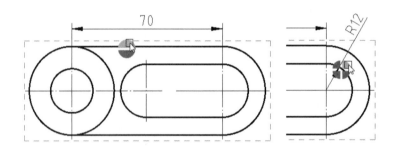

12.6 自動標註尺寸

- 功能區：**註記→尺寸→自動尺寸**
- 功能表：**尺寸→自動尺寸**
- 指令：**AUTODIMENSION**

在使用**自動尺寸**之前，您必須先建立好尺寸邊界方塊，**自動尺寸**會針對尺寸邊界方塊內所包含的指定圖元，自動產生基準、連續和座標尺寸。

自動尺寸調色盤可讓您控制尺寸類型、位置和來源。您也可以在**幾何**群組中自動新增和移除圖元，包括所選的圖元以及尺寸。

此指令會為指定的弧產生徑向尺寸、指定的圓產生直徑尺寸、而對橢圓只會標註中心點的尺寸。

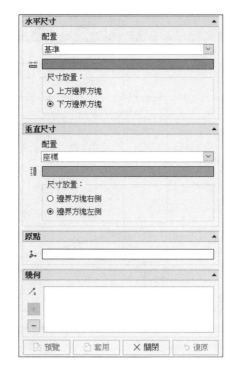

下列為指定水平圖元及垂直圖元後，依配置及尺寸放置位置的不同，而顯示自動標註尺寸的預覽結果。

預覽尺寸	配置

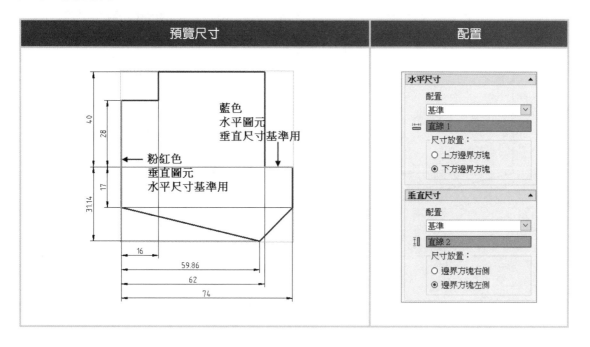

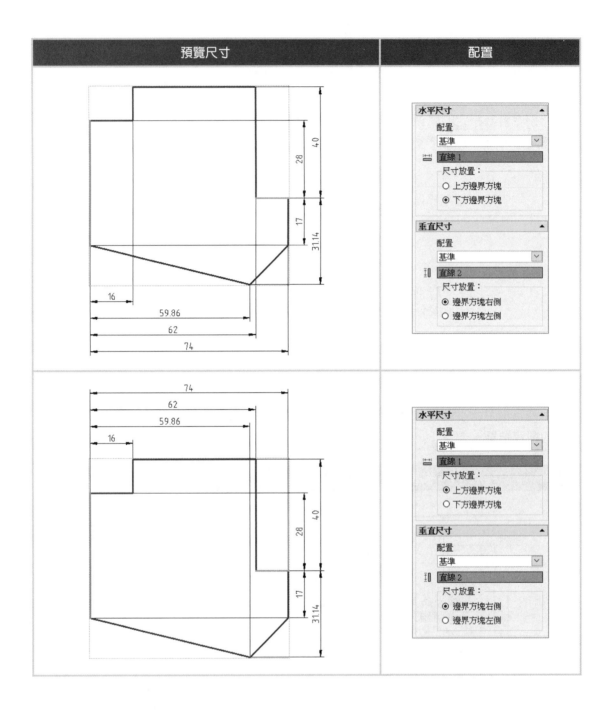

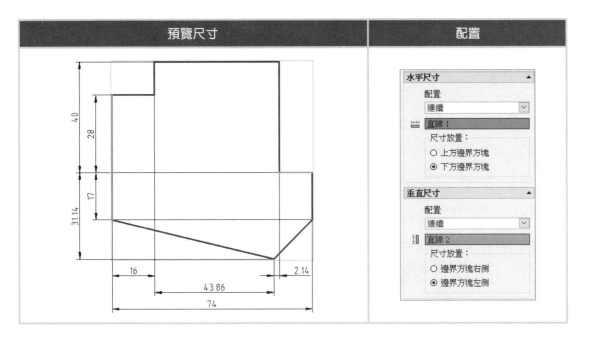

預覽尺寸	配置

12.7 自動排列尺寸

- 功能區：**註記→尺寸→自動排列**
- 功能表：**尺寸→自動排列尺寸**
- 指令：**ARRANGEDIMENSIONS**

　　自動排列尺寸指令用於自動排列放置包含在尺寸邊界方塊內的指定關聯尺寸。使用時，尺寸會：1.從最小到最大進行間隔、2.對正（如果可能的話）、3.使用選項中定義的偏移距離來進行間隔、4.除非尺寸文字不符合尺寸界線，否則尺寸文字會置於尺寸界線中，這些功能可參閱下面的自動排列尺寸範例。

　　自動排列尺寸適用於線性、徑向、直徑、角度和弧長尺寸，而且尺寸必須相關聯。但不支援座標尺寸或註記，例如導線、智慧型導線、公差、註解或簡單註解。

　　您可以使用尺寸調色盤中的指輪，放大或縮小自動排列尺寸和幾何的尺寸線之間的偏移距離，但是只有在您之前已使用自動排列尺寸的情況下，指輪才會出現在尺寸調色盤上。

若要設定自動排列尺寸的偏移距離與尺寸調色盤指輪增量，按**選項→工程圖設定→尺寸標註設定**。

除了使用自動排列尺寸指令外，你也可以在圖面中指定包含在一或多個尺寸邊界方塊內的尺寸，將游標停留在**尺寸調色盤** 上以顯示尺寸調色盤，再按**自動排列尺寸** 。

```
指令：ARRANGEDIMENSIONS
指定尺寸»：選擇尺寸邊界方塊內的尺寸
找到1
指定尺寸»：選擇尺寸邊界方塊內的尺寸或按Enter
找到1，總計2
指定尺寸»：選擇尺寸邊界方塊內的尺寸或按Enter
```

⬣ 自動排列尺寸範例

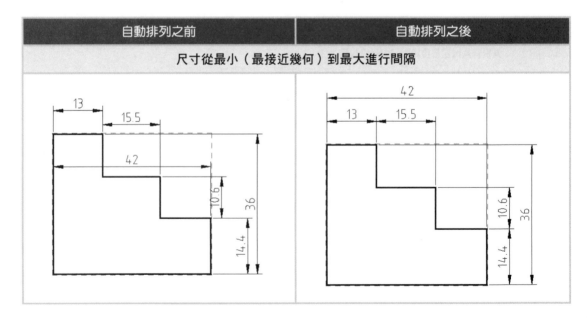

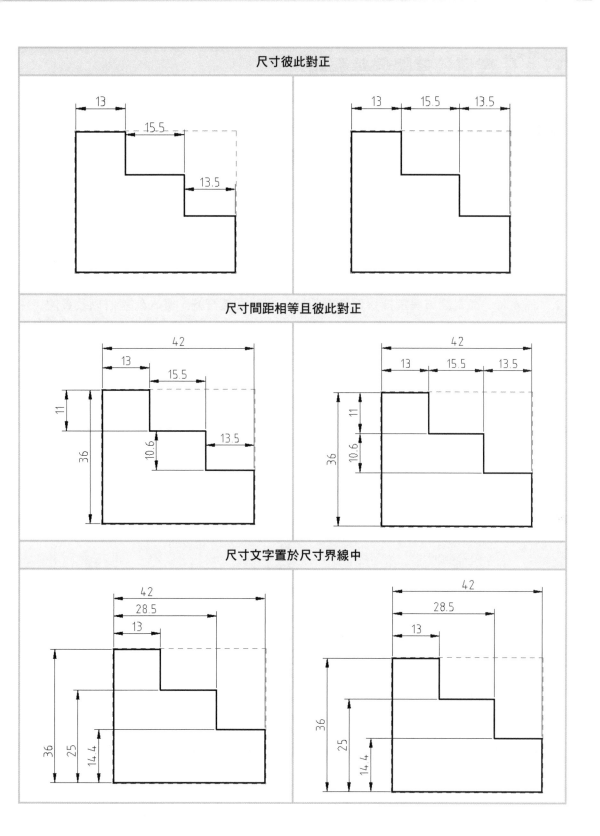

尺寸彼此對正	
尺寸間距相等且彼此對正	
尺寸文字置於尺寸界線中	

12.8 幾何公差與公差編輯

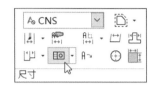

指令TIPS 公差

- 功能區：**註記→尺寸→公差** 回、**公差編輯**
- 功能表：**尺寸→公差** 回、**修改→圖元→公差**
- 指令：**TOLERANCE(TOL)、EDITTOLERANCE(EDITTOL)**

　　公差指令可以在工程圖中產生與放置公差尺寸標記，內含幾何公差符號選擇框、公差前可選擇的直徑符號、公差值輸入框、實體材料條件、基準面等項目以供設定或輸入。

　　插入時，從對話方塊選擇幾何特徵符號、開啟直徑符號、鍵入公差值以及實體條件（M.C.）指定視需要輸入基準值，並且選擇適當的實體條件符號。如果有需要，輸入基準識別符號、輸入公差的高度及新增突伸公差區域符號。

　　設定後按**確定**，在圖形中按一下放置公差，修改公差時，直接在公差上快點兩下即可。

　　使用尺寸公差建立基準面時，並未有實心三角形與導線，因此一般基準面都使用**智慧型導線**指令建立。

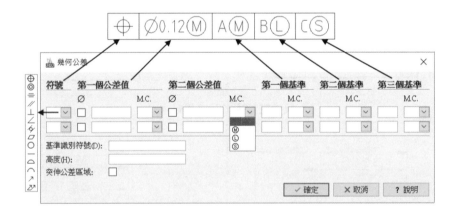

12.8.1 公差符號

符號	特徵	類型	符號	特徵	類型
⊕	位置	位置	▱	平面度	形狀
◎	同心度或同軸度	位置	○	真圓度或圓度	形狀

符號	特徵	類型	符號	特徵	類型
═	對稱度	位置	──	真直度	形狀
//	平行度	方向	⌓	曲面輪廓度	輪廓
⏊	垂直度	方向	⌒	線條輪廓度	輪廓
∠	傾斜度	方向	↗	圓偏轉度	偏轉
⌭	圓柱度	形狀	↗↗	總計偏轉度	偏轉

12.8.2　材料條件

- 對於最大材料條件（符號為 M，也稱為 MMC），特徵包含極限大小中的最大材料量，孔具有最小直徑，而軸具有最大直徑。

- 對於最小材料條件（符號為 L，也稱為 LMC），特徵包含極限大小中的最小材料量，孔具有最大直徑，而軸有最小直徑。

- 忽略特徵大小（符號 S，亦稱為 RFS）意味著特徵可以是在指定範圍內的任意大小。

12.8.3　投影公差

- **基準識別符號**：投影公差區域的基準面符號，例如 A。
- **高度**：投影公差區域的高度值。
- **突伸公差區域**：在公差區域高度之後，插入投影公差區符號，例如 P。

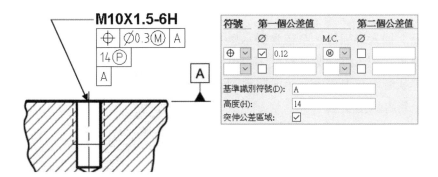

12.9 　智慧型導線

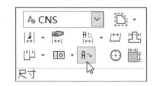

- 功能區：註記→尺寸→智慧型導線 A⌄
- 功能表：尺寸→導線
- 指令：**SMARTLEADER**

　　使用**智慧型導線**可快速建立導線與導線註解，像是基準面標註；您也可以單純的只使用LEADER指令建立連接圖元與註解的導線，但LEADER指令並無**設定值**對話方塊選項。

```
指令：QLEADER
指定第一個導線點或[設定(S)]<設定>：指定第一個導線點，或按Enter以指定導線設定值
指定下一點：指定下一個導線點
指定下一點：指定下一個導線點，或按[Enter]以指定導線註解
指定文字寬度<0>：透過建立文字邊界或輸入一個值指定多行文字寬度
輸入第一行註解文字：輸入第一行文字(可省略直接按Enter)
```

12.9.1　格式化導線對話方塊

◆ **註記**

- **圖塊**：插入導線後，系統會提示您輸入圖塊名稱以插入圖塊，圖塊會被插入到導線頂點處。

- **複製圖元**：插入導線後，系統會提示您選擇已有的導線註記，以複製多行文字、單行文字、公差或圖塊參考等圖元，並將複製的內容套用至新導線頂點上。

- **註解**：提示您輸入註記文字並使用註解格式設定快顯工具列來輸入註記及設定格式。

- **公差**：顯示**幾何公差**對話方塊，建立的幾何公差控制框會貼附到導線末端上。

- **無**：建立一個不含註記的導線，只有箭頭與單一線段（頂點最大值2）。

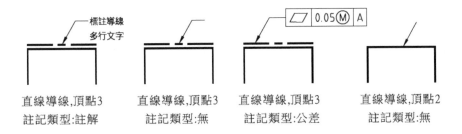

| 直線導線,頂點3 | 直線導線,頂點3 | 直線導線,頂點3 | 直線導線,頂點2 |
| 註記類型:註解 | 註記類型:無 | 註記類型:公差 | 註記類型:無 |

◆ 註解選項

內含文字的對正、寬度與文字框等格式設定。

◆ 重複使用設定

- **重複使用目前**：在您指定重複使用下一個之後自動套用。
- **重複使用下一個**：重複使用您為後續的**智慧型導線**指令產生的下一個註記。
- **不要重複使用**：（預設）。

◆ 導線與箭頭

- **導線類型 - 平直**：使用直線線段來繪製導線。

- **導線類型 - 不規則曲線**：使用您指定的導線點作為控制點來繪製不規則曲線導線，控制點依**點數**而定。

- **頂點最大值**：設定導線彎折點的數目（含起點與終點）。

- **箭頭樣式**：定義導線箭頭型式，可從清單中選取一種樣式。

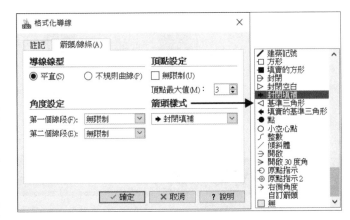

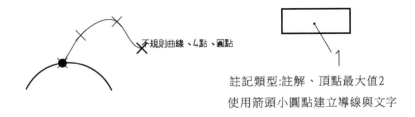

註記類型:註解、頂點最大值2
使用箭頭小圓點建立導線與文字

12.9.2 水平基準面建立

如右圖，註記類型為**公差**、導線線型為**平直**、頂點最大值為2點、箭頭樣式為**填實的基準三角形**，按**確定**，指定導線起點，再點選基準面導線的水平位置後，在**公差**的第一個基準輸入 A，按**確定**。

12.9.3 垂直基準面建立

1. 如下圖，註記類型為**無**、導線線型為**平直**、頂點最大值為2點、箭頭為**填實的基準三角形**，按**確定**，指定導線起點，再點選導線的垂直位置。

2. 執行**公差**指令，在**公差**的第一個基準輸入 A，按**確定**，並點選導線的上方大約位置放置基準。

3. 以基準面的底線中點為圖元抓取點，移動基準面至導線的上端點使重合。

12.10 多導線樣式

指令TIPS 多導線樣式 🔍

* 功能區：**註記→多導線→多導線樣式** 🄴
* 功能表：**格式→多導線樣式**
* 指令：**MULTILEADERSTYLE**

在**草稿樣式→多導線**對話方塊中，預設顯示的樣式為目前使用中的樣式：**Standard**，您可以修改此樣式，變更設定來控制多導線的樣式；也可以建立新樣式，套用預設導線樣式至新樣式中，所有修改與新建的內容都會被儲存在樣式中。

多導線樣式管理員內部的設定與尺寸樣式設定相似，唯選項較簡略。

- **新建**：建立新的多導線樣式。
- **修改**：修改舊有的多導線樣式。

◉ **格式**

與尺寸樣式的箭頭設定相同。

◉ **設定**

- **頂點**：折線的彎折點點數，2點1線段，3點2線段。
- **角度**：指定連字線第一點和第二點的角度。
- **折線**：文字內容左側一小段距離的直線，若取消勾選且**導線點**為2，仍會顯示折線。

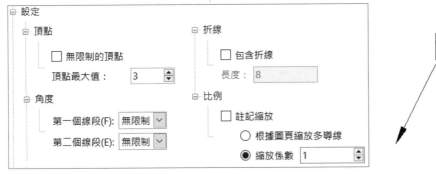

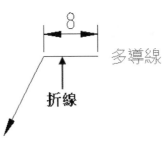

◆ **內容**

內容為導線附加的類型，有圖塊、註解、公差或無。

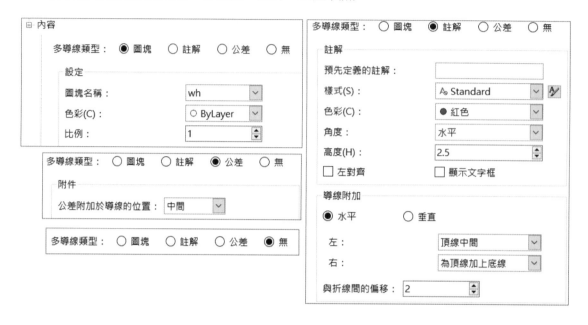

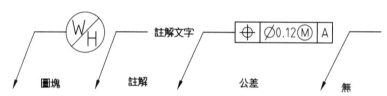

12.11 多導線

指令TIPS 多導線

- 功能區：註記→多導線→插入 ᴀᴴ
- 功能表：尺寸→多導線
- 指令：**MULTILEADER**

多導線圖元通常由箭頭、導線、水平折線、文字或圖塊、公差所組成。其中折線和導線與註解、公差、圖塊相關聯，因此當折線重新定位後，內容和導線將隨其一同移動。

指令：MULTILEADER
預設：箭頭優先(H)
選項：箭頭優先(H),折線優先(L),內容優先(C),設定(S)或
指定箭頭點»：指定箭頭位置或輸入選項
指定折線位置»：點選折線位置並輸入註解或公差

導線箭頭點

指定多導線圖元的箭頭位置。

- **箭頭優先(H)**：先指定導線箭頭的位置。

- **折線優先(L)**：先指定導線折線的位置。

- **內容優先(C)**：先指定與多導線圖元相關聯的文字或圖塊的位置。

- **設定(S)**：設定多導線圖元的選項，項目與草稿樣式相同。

指定折線位置»_Settings
選項：導線類型(L),折線(A),內容(C),頂點(V),第一個角度(F),第二個角度(S),結束(X)

12.12 練習題

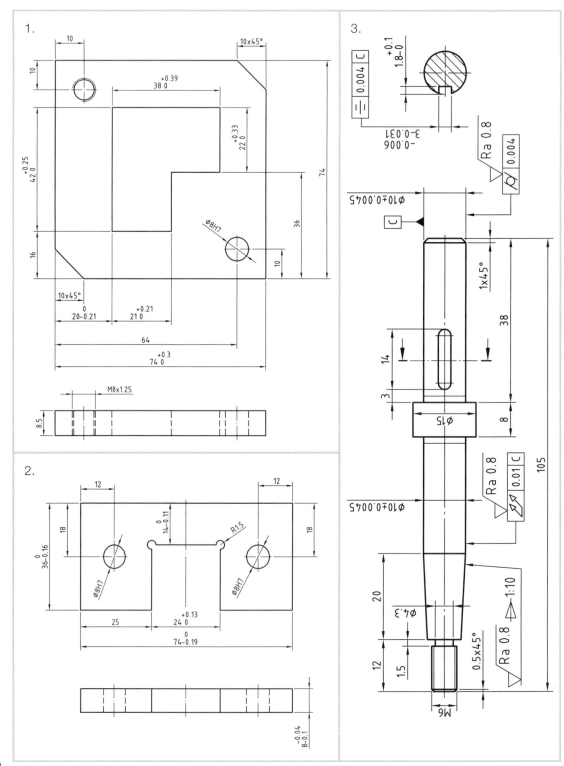

13

螺紋與查詢

 順利完成本章課程後，您將學會：

- 外螺紋
- 內螺紋
- 內外螺紋組合
- 螺紋標註
- 局部範圍
- 邊界區域
- 計算距離
- 計算面積
- 計算屬性
- 查詢座標
- 取得物質特性
- 查詢時間
- 查詢指令變數

13.1 外螺紋

在前視圖中，螺紋大徑、導角部分、螺紋長度均用粗線表示，螺紋小徑用細實線表示。剖視圖中，剖面線（填充線）畫到螺紋大徑。

在端視圖中，螺紋大徑之圓用粗實線表示，螺紋小徑之圓則用細實線表示，但須留缺口約1/4圓，此1/4圓缺口可在任何方位，一端稍許超出中心線，另一端則稍許離開中心線，如有倒角，不畫倒角圓，只畫缺口圓。

> 提示
> 螺紋小徑的1/4圓可用分割SPLIT指令完成。

螺紋符號畫法參考（單位mm）：

大徑	8以下	8 — 20	21 — 40	40以上
螺紋深度	0.5	1	1.5	2 — 3

若有標示螺距則必須直接用**螺距**來作為螺紋深度繪製，例如M20×1，此時螺紋深度就以1mm繪製。

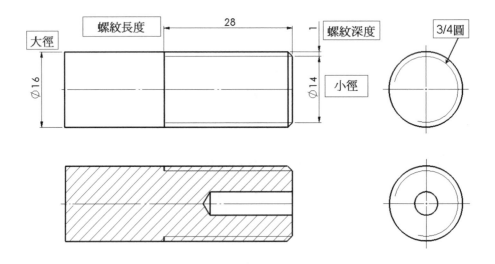

13.2 內螺紋

在前視剖視圖中，螺紋小徑與螺紋深度均用粗實線表示，螺紋大徑則用細實線表示，剖面線畫到螺紋小徑，鑽孔之鑽頂角以120°繪製。

在端視圖中，螺紋小徑之圓用粗實線表示，螺紋大徑之圓則用細實線表示，但須留缺口約1/4圓，此1/4圓缺口可在任何方位，一端稍許超出中心線，另一端則稍許離開中心線，如有導角，不畫倒角圓，只畫缺口圓。

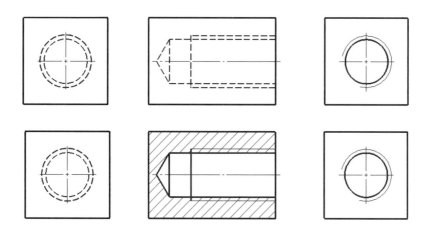

13.3 內外螺紋組合

在組合剖視圖中，接合的部分以外螺紋（螺釘）之繪圖標準繪製（大徑粗實線、小徑細實線），剖面線只畫到外螺紋的大徑為止。未接合部分則保留內螺紋的製圖標準繪製（大徑細實線、小徑粗實線），剖面線（填充線）畫到內螺紋的小徑為止。

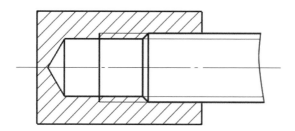

13.4 螺紋標註

標註螺紋時，公制螺紋符號以「M」表示，其高度、粗細與數字相同，寫在標稱尺度數字之前。粗螺紋省略標註螺距，細螺紋不得省略。螺紋粗細之規定一律以CNS標註為準。

例如：粗螺紋M12；細螺紋M12×1.25。

提示　當標註距離12，欲變更文字為螺紋標註文字時，您可以從尺寸調色盤修改為「M<>」或「M<>×1.25」即可。

螺紋之尺度標註以標註在非圓形之視圖上為原則，螺紋長度之尺度一律以其有效螺紋長度標註之。

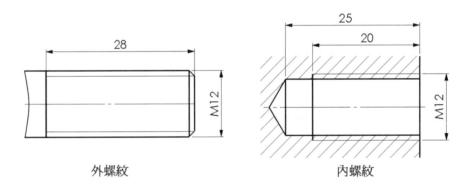

外螺紋　　　　　　　　　　　　內螺紋

常用螺紋標稱符號表CNS 3-2，B1001-2：

螺紋形狀	螺紋名稱	CNS總號	螺紋符號	螺紋標稱範例
三角形螺紋	公制粗螺紋	497	M	M12
	公制細螺紋	498		M12×1.25
	木螺釘螺紋	4227	WS	WS4
	推拔管螺紋	495	R	R1/2"
	自攻螺釘螺紋	3981	ST	ST3.5
梯形螺紋	公制梯形螺紋	511	Tr	Tr40×7
	公制短梯形螺紋	4225	Tr.S	Tr.s48×8
鋸齒形螺紋	公制鋸齒形螺紋	515	Bu	Bu40×7
圓頂螺紋	圓螺紋	508	Rd	Rd40×1/6"

13.5 局部範圍

- 功能區：**首頁→繪製→局部範圍** 🔲
- 功能表：**繪製→局部範圍**
- 指令：**REGION(REG)**

使用**局部範圍**指令可以將形成封閉形狀的圖元轉換為一個2D區域圖元，迴圈的物件可以由線、聚合線、圓、弧、橢圓、橢圓弧等組成，但是每個連接物件的端點只能連接兩個邊緣，否則是無法形成一個區域圖元。

局部範圍具有物理性質，如面積、質心或周長等，你可以使用功能表：**管理→公用程式→查詢→取得物質特性**指令檢視。

如果局部範圍的來源圖元有加入剖面線，則剖面線與邊界的關聯將會遺失，您必須再一次套用剖面線至局部範圍圖元。

使用**加入區域邊界**指令，也可以將邊界類型圖元設定為**區域**，以產生局部範圍圖元。

```
指令：REGION
選取物件：使用物件選取方式，選取封閉區域的物件，選完後按Enter
選取物件：
已萃取1個迴路。
已建立1個局部範圍。
```

可建立區域的物件

無法建立區域的物件

13.6 邊界區域

指令TIPS 邊界區域 🔍

- 功能區：**首頁→繪製→加入區域邊界** 🛱
- 功能表：**繪製→邊界區域**
- 指令：**AREABOUNDARY(AB)**

使用**邊界區域**指令可以從形成2D在封閉區域中，藉由指定內部點利用周圍圖元來產生區域邊界，產生的區域邊界類型可以於選項框中指定是**聚合線**或**區域**，建立好的物件可用來查詢面積與周長，像是花園、走道、水池、走廊等。

其中圖元可以是直線、圓弧、圓、聚合線、橢圓、橢圓弧和不規則曲線的組合。只要邊界構成封閉區域，而且沒有重疊，圖元可以任意安排。

```
指令：AREABOUNDARY
指定內部點»：指定封閉區域的內部點
正在分析邊界...
指定內部點»：指定其他封閉區域的內部點或按Enter完成
1條邊界已產生
```

| 指定內部點 | 聚合線邊界 |

```
指令：AREABOUNDARY
指定圖元»«取消»
指定內部點»：點選封閉區域的內部點
正在分析邊界...
指定內部點»
1條邊界已產生
```

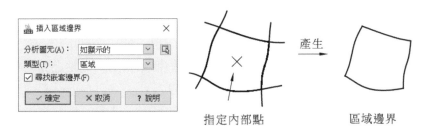

指定內部點　　　　　　區域邊界

- **分析圖元**：選擇從指定點定義邊界時已分析的工程圖圖元組。
  - **如顯示的**：從工程圖畫面上任何可見的項目產生邊界組。
  - **指定圖元**：選擇繪圖區上的工程圖圖元以構成邊界組。
- **類型**：選擇使用聚合線或區域定義邊界。
- **尋找嵌套邊界**：控制指令是否偵測完全在邊界區域內的內部封閉區域。
- **指定內部點點**：使用指定點周圍形成封閉區域的圖元來建立邊界，若要產生其他邊界圖元，按一下其他的內部點。

13.7 計算距離

指令TIPS

- 功能區：**管理→公用程式→查詢下拉選單→計算距離**
- 功能表：**工具→查詢→計算距離**
- 指令：**GETDISTANCE(DI)**

　　用以測量兩點之間的距離與平面夾角，您可以將指令當作透明指令使用。這些點可以是任意點，可以不必是圖元點。

```
指令：GETDISTANCE
指定起點»：指定 第一點
指定終點»：指定 第二點
距離=××，在XY平面上的角度=××，從XY平面的角度=0
DeltaX=××，DeltaY=××，DeltaZ=0
```

- **距離**：量測點之間的絕對距離。

- **在 XY 平面的角度**：量測從 X 軸開始到第二個點之間的角度，無論旋轉方向為何，量測結果會顯示較小值的角度。
- **從 XY 平面的角度**：量測從 XY 平面到 Z 軸、第一個點和第二個點之間的角度，第一個點會假設位於 XY 平面上。
- **DeltaX、DeltaY 和 DeltaZ**：以座標系統的各軸方向，量測兩點之間的距離。長度值會以工程圖單位指定。

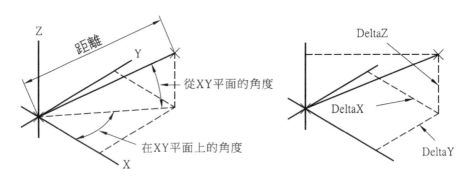

13.8 計算面積

指令TIPS

- 功能區：**管理→公用程式→查詢下拉選單→計算面積** 🔲
- 功能表：**工具→查詢→計算面積**
- 指令：**GETAREA(AREA)**

查詢	🔲 智慧型計算器
🔲 計算距離	
🔲 計算面積	
🔲 計算屬性	
🔲 座標	
🔲 取得物質特性	

使用**計算面積**指令可以指定工程圖圖元（橢圓、聚合線等）或指定構成要計算區域的數個點，然後計算區域的面積與周長。

您也可以在單一操作中加入或減除面積。

```
指令：GETAREA
選項：加入(A),指定圖元(E),減除(S) 或
指定第一個點»：指定第一點
選項：按 Enter 總計或
指定下一點»：指定第二點
指定第一個點»：指定第三點
```

選項：按Enter總計或

面積＝×××，周長＝×××

選項：加入(A),指定圖元(E),減除(S)或

指定第一個點»_Entity

指定圖元»：選擇圓、橢圓、多邊形、剖面線、聚合線或區域邊界等

找到1

面積＝×××，周長＝×××

- **第一個點**：指定第一個角點後，再指定下一個角點，或按Enter顯示面積與周長。

- **指定圖元 (E)**：計算所選圖元的面積和周長，像是聚合線、多邊形、橢圓等。

- **加入 (A)**：加入部份面積與周長。

- **減除 (S)**：減除部份面積和周長。

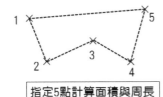

指定5點計算面積與周長

橢圓物件

13.9 計算屬性

指令TIPS 計算屬性

- 功能區：**管理→公用程式→查詢下拉選單→計算屬性**
- 功能表：**工具→查詢→計算屬性**
- 指令：**GETPROPERTIES**

> 查詢 智慧型計算器
> 計算距離
> 計算面積
> 計算屬性
> 座標
> 取得物質特性

計算屬性指令可以檢視圖元的詳細資料，包括圖元的類型、圖層、線條色彩、線條樣式、線寬、模式（模型或圖頁）、圖元座標和其他詳細資料（視圖元類型而定）。

例如，圓弧的中心點、半徑和開始及結束角度；直線的詳細資料包括長度、XY平面的角度、X delta、Y delta和Z delta的長度。

圖元（聚合線、區域邊界等）的幾何詳細資料和屬性會顯示在個別的指令歷程記錄視窗中。

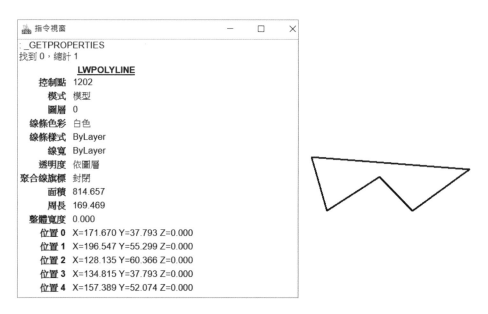

13.10 查詢座標

- 功能區：管理→公用程式→查詢下拉選單→座標 ⚙
- 功能表：工具→查詢→計算座標
- 指令：**GETXY**

使用**座標**指令可以查詢提示指定點的絕對座標位置。

```
指令：GETXY
指定位置»
X = ×××    Y = ×××    Z = 0
```

13.11 取得物質特性

- 功能區：**管理→公用程式→查詢下拉選單→取得物質特性**
- 功能表：**工具→查詢→取得物質特性**
- 指令：**GETMASSPROPERTIES(MASSPROP)**

　　使用**取得物質特性**指令，您可以分析3D實體和2D面域的質量性質，包含體積、面積、慣性矩、重心等。

　　使用**取得物質特性**指令可以計算並顯示3D實體和區域邊界的物質特性，包括例如3D實體的體積、邊界方框、重心、慣性矩和其他資訊，以及區域邊界的面積、周長和邊界方框。

　　物質特性結果會在命令視窗中分別顯示每個實體物件或區域的特性。

注意　選取的物件必須是3D實體或區域邊界。

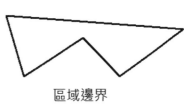

區域邊界

13.12 查詢時間

- 指令：**GETTIME**

使用GetTime指令可顯示有關工程圖的時間相關統計資料,並且讓您開啟、關閉或是重設計時器。

- **顯示 (D)**:重複顯示GETTIME訊息畫面,並更新時間。

- **關閉 (OF)**:關閉計時器,系統不統計作圖時間,經過時間維持原狀。

- **開啟 (ON)**:開啟計時器,如上圖的**經過時間計時器(開啟)**。系統會統計作圖的時間。

- **重設 (R)**:將計時器歸零,重置為 0 天 00:00:00。

不像計時器是由使用者設置,總編輯時間為檔案一新增就開始統計。

13.13 查詢指令變數

指令TIPS　查詢指定變數

- 指令:**SETVARIABLE(SET)**

SETVARIABLE指令可以檢查、設定與變更目前的指令變數設定。指令變數可以儲存有關指令與功能的設定及喜好設定,以及儲存繪製、編輯與檢視模式的設定及喜好設定。

例如開啟或關閉「圖元抓取」、「網格」或「正交」等模式。

```
指令:SETVARIABLE
SETVARIABLE
預設:SETUNTTYP
選項:?或
變數名稱»:輸入變數名稱或輸入?按 Enter
預設:*
輸入要列出的變數» *
輸入變數名稱或[列示(?)]:按 Enter
```

- **變數名稱**:輸入要設定的指令變數名稱。

    - **輸入變數名稱的新值**:輸入新值,或按 Enter。

- **輸入要列出的變數 <*>**：輸入萬用字元 *，或按 Enter。

- **列示（？）**：列出圖面中的所有系統變數及其目前設定。

13.14 練習題

1.

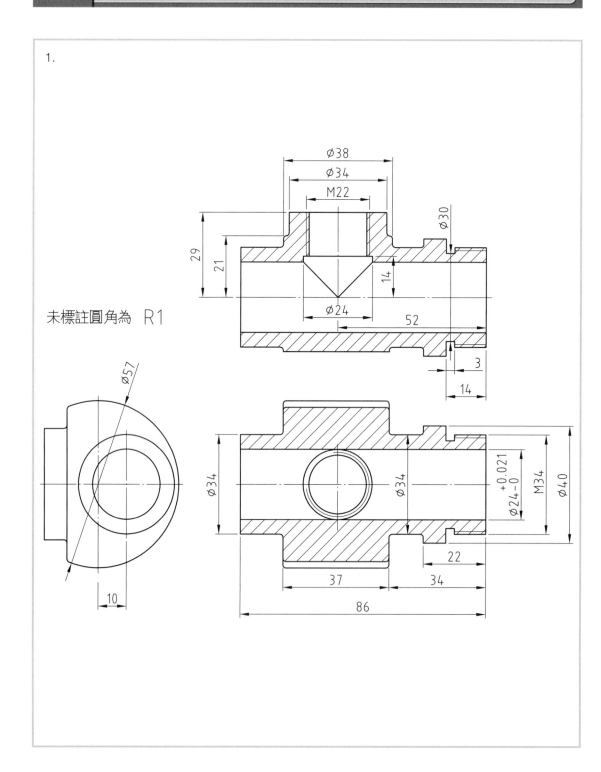

未標註圓角為 R1

2.

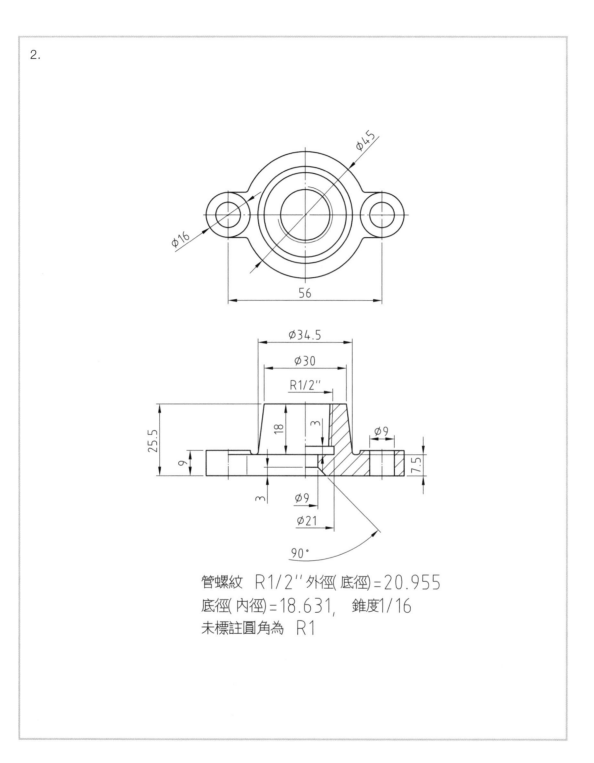

管螺紋 R1/2″ 外徑(底徑)＝20.955
底徑(內徑)＝18.631, 錐度1/16
未標註圓角為 R1

Ans：(3)806.67、(4)1453.96、(5)2293.82、(6)2040.02。

3.

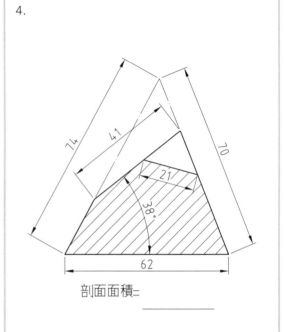

剖面面積=

_____

4.

剖面面積=

_____

5.

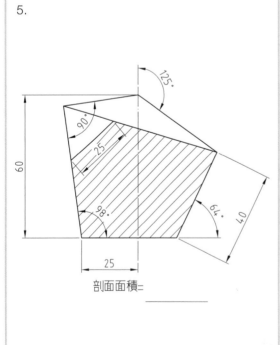

剖面面積=

_____

6.

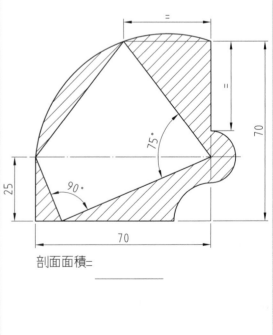

剖面面積=

_____

7.

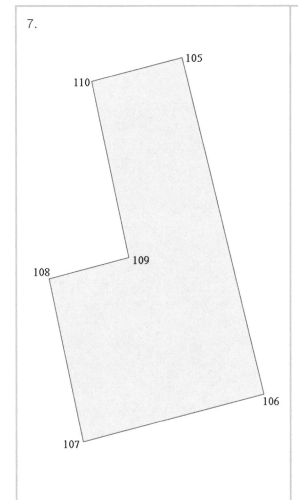

某建築公司至地政事務所申請建築用地的地籍圖謄本，地政事務所提供之PDF檔圖及坐標如下表，試繪出其圖形並計算面積。
Ans：608.274平方公尺

單位：公尺

點號	橫坐標(X)	縱坐標(Y)
105	445.453	1497.232
106	454.71	1459.861
107	434.089	1454.549
108	430.163	1472.659
109	439.363	1475.024
110	435.123	1494.584

提示：使用畫線完成圖形，若點號太多可使用複製貼上X,Y座標方式畫線，然後建立區域邊界，再查詢面積。

NOTE

14

等角平面構圖

 順利完成本章課程後，您將學會：

- 無限直線
- 射線
- 圓環
- **2D**實體
- 填實
- 橢圓
- 等角平面
- 等角圖尺寸標註

14.1 無限直線

- 功能區：首頁→繪製→無限直線
- 功能表：繪製→無限直線
- 指令：**INFINITELINE(IL)**

無限直線由一條或多條自原點向兩個方向無限延伸的構造線組合而成，系統會忽略它們的長度，因此並不影響縮放或檢視。使用無限直線可產生框架或網格，用於工程圖建構過程。

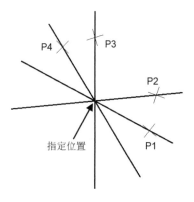

```
指令：INFINITELINE
選項：角度(A),角度平分(B),水平(H),偏移(O),垂直(V),
按Enter來結束或
指定位置»：指定一點，或輸入選項
選項：按Enter來結束或
指定下一個位置»
```

- **角度(A)**：以指定角度來建立一條無限直線，水平向右為0度。
- **角度平分(B)**：指定頂點位置、第一個角度與第二個角度，建立一條通過所選角度頂點，並等分角度的無限直線。

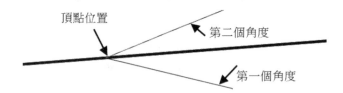

- **水平(H)**：建立一條通過指定點的水平無限直線，可選擇點連續繪製。
- **偏移(O)**：建立一條平行於另一條線的無限直線。
- **垂直(V)**：建立一條通過指定點的垂直無限直線，可選擇點連續繪製。
- **指定位置**：繪製通過指定兩點的無限直線。

14.2 射線

指令TIPS 射線

- 功能區：**首頁→繪製→射線**
- 功能表：**繪製→射線**
- 指令：**RAY**

射線是一條自原點向一個方向無限延伸的直線，您可以使用射線建立框架或網格，並以此線作為參考建構工程圖。

```
指令：RAY
指定起點»：指定點
選項：按Enter來結束或
指定通過點»：指定射線要通過的點
```

- **指定起點**：指定射線的起點（P1）。
- **指定通過點**：用於定義其他開始於相同原點的射線（P2-P4）。

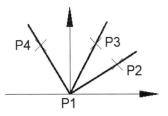

14.3 圓環

指令TIPS 圓環

- 功能區：**繪製→聚合線下拉選單→圓環**
- 功能表：**繪製→圓環**
- 指令：**RING**

圓環指令會使用指定的內徑與外徑，建構在兩個圓之間區域填實的同心圓，若是指定的內側直徑為零，環會成為填實的圓。

繪製標示零件件號引線上之小圓點可以用**圓環**指令，或在**智慧型導線**中**設定**使用箭頭樣式"小圓點"。

指令：RING
預設：0.5
指定內部直徑»：輸入直徑或按Enter
預設：1
指定外部直徑»：輸入直徑或按Enter
預設：退出
指定位置»：指定點繪製環，或按Enter結束指令

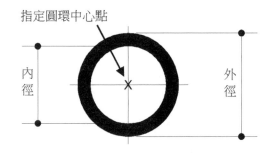

指定圓環中心點
內徑
外徑

14.4 2D實體

指令TIPS 2D 實體

- 功能區：**繪製→2D實體▽**
- 功能表：**繪製→網格→2D實體**
- 指令：**SOLID(SO)**

繪製

2D實體指令可以繪製有直線段邊框的實體填補平面，只要任何數量的三角或四角平面都可以製作2D實體，繪製時可以連續完成，亦可使用線段完成。

在您定義邊線的結束點時，點的輸入順序會影響結果的形狀，請始終依同一方向指定邊線的結束點，如果平面的邊線結束點是依順時針或逆時針方向產生，則會出現「蝴蝶」的形狀。

指令：SOLID
選項：輸入來從最後一個點繼續或
指定第一個點»：指定點(1)
指定第二個點»：指定點(2)，前兩點定義多邊形的一個邊線。
指定第三個點»：指定與第二點成對角關係的點(3)
選項：結束(E),按Enter來產生三個邊的實體或
指定第四個點»：指定點(4)，或按下[Enter]
在「第四點」的提示下按Enter鍵將建立一個填實三角形。指定一點(5)會建立一個四
邊形面域。(每3點構成一個三角形)

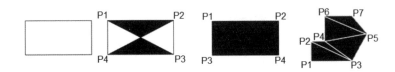

14.5 填實

指令TIPS　填實

* 指令：**DISPLAYFILLS(FILL)**

可以控制填實顯示狀態的圖元有：寬聚合線、實體、軌跡、剖面線及漸層，**填實**的預
設值為ON。

指令：DISPLAYFILLS
預設：開啟(ON)
選項：關閉(OF)或開啟(ON)
指定DISPLAYFILLS的新值»：輸入ON或OF，或按Enter

* **開啟(ON)**：預設值，開啟內部填實。
* **關閉(OF)**：關閉內部填實，使內部為空心。

14.6 橢圓

指令TIPS 橢圓 🔍

🛰️ ⊙
🛰️ 軸
🛰️ 中心
🛰️ 橢圓弧
♪ 螺旋曲線
⌁ 不規則曲線擬合
⌁ 不規則曲線

* 功能區：首頁→繪製→橢圓下拉選單→軸、中心、橢圓弧
* 功能表：繪製→橢圓
* 指令：**ELLIPSE(EL)**

橢圓與圓類似，有一個中心點，但使用一條沿著橢圓主軸的長半徑，以及一條沿著橢圓副軸的短半徑繪製。

● 橢圓

指令：ELLIPSE
選項：橢圓弧(E),中心(C)或
指定軸起點»：指定一個軸的起點或輸入選項
指定軸終點»：指定相同軸的終點
選項：旋轉(R)或
指定其他軸終點»：指定另一軸的終點

● 中心

指令：ELLIPSE
選項：橢圓弧(E),中心(C)或
指定軸起點»_Center
指定中心點»：指定橢圓的中心點
指定軸終點»：指定一軸的終點
選項：旋轉(R)或
指定其他軸終點»：指定另一軸的終點，或輸入R按Enter

◆ 橢圓弧

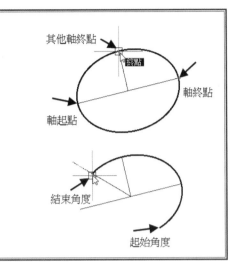

```
ELLIPSE
選項：橢圓弧(E),中心(C)或
指定軸起點»_Arc
選項：中心(C)或
指定軸起點»：指定軸的起點
指定軸終點»：指定軸的終點
選項：旋轉(R)或
指定其他軸終點»：指定另一軸的終點
選項：參數(P)或
指定起始角度»：指定弧起始的角度值
選項：參數式的向量(P),全部角度(T)或
指定結束角度»：指定弧結束的角度值
```

- **軸起點、終點**：指定長軸或短軸的起點與終點。

- **指定其他軸終點**：指定另一軸的終點（軸的一半距離）。

- **中心(C)**：使用指定的中心點建立橢圓或橢圓弧，這樣只需指定長短軸的一半長。

- **旋轉(R)**：可經由長短軸比定義的角度（0至89.9°之間）指定橢圓，角度越大，橢圓形狀越扁。

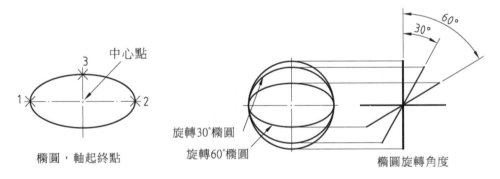

- **Isocircle(I)**：在目前的等角繪圖平面上建立一個等角圓。

◆ **等角圓**

「Isocircle（**等角圓**）」選項只有在**選**
項→使用者偏好→網格設定→方位選項中
設定為「**等角視**」，繪圖區會開啟**等角平**
面，「Isocircle」選項才會出現，間距也只
能設定一種。

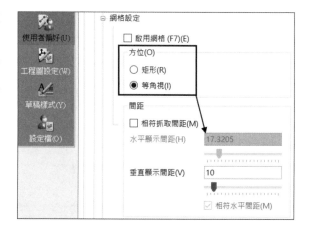

```
指令：ELLIPSE
選項：橢圓弧(E),中心(C),Isocircle 或
指定軸起點»_Isocircle
指定中心點:»:指定中心點
選項：直徑(D) 或
指定半徑»:指定距離，或輸入半徑，或輸入d
```

等角平面會影響到繪製的等角圓之方位，如下圖，您可以按 F5 循環切換等角平面。

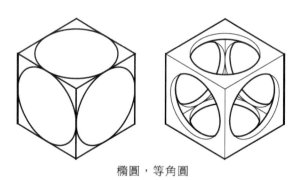

橢圓，等角圓

14.7 等角平面

如前面**橢圓**指令**等角圓**說明，「Isocircle（**等角圓**）」選項只有在**選項→使用者偏好→**
網格設定→方位選項中設定為「**等角視**」，繪圖區會開啟**等角平面**，「Isocircle」選項才會
出現。

指令TIPS　等角平面　🔍

- 快速鍵：**F5**

- 指令：**ISOMETRICGRID(ISOGRID)**

當工程圖設定為等角視時，您可以在以下三種等角視之間按F5切換：

左：指定由90°和150°軸定義軸向的**左側平面**。	**上**：選取由30°和150°軸定義軸向的**上平面**。	**右**：指定由90°和30°軸定義軸向的**右側平面**。
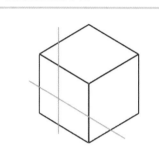	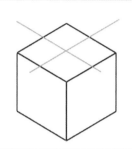	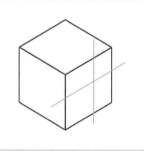

正交模式下會沿著由選擇平面決定的等角視軸對正，三個等角視軸為30°、90°和150°。

指令：ISOMETRICGRID
啟用的等角視平面:右(R)
預設：右(R)
選項：左(L),右(R),上(T)或
指定選項»：輸入選項，或按Enter

14.8 等角圖尺寸標註

先使用**對正** ⟋ 標註，再利用功能區**註解→標註→傾斜** ⟋ 指令調整角度。

指令：DIMEDIT
輸入標註編輯的類型 [歸位(H)/新值(N)/旋轉(R)/傾斜(O)]<歸位>：O
選取物件：找到 1 個
選取物件：
輸入傾斜角度（按下 Enter 表示無）：輸入 30、 或 60、 或 90 後按 Enter

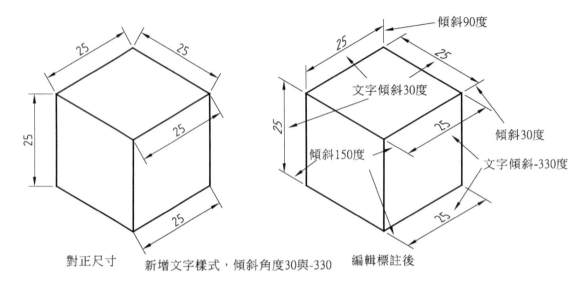

對正尺寸　　　新增文字樣式，傾斜角度30與-330　　編輯標註後

文字的傾斜角度必須在**草稿樣式→文字**內建立兩個字型，一個傾斜正30°，一個負30°（或330°）。

◆ 繪製等角圖注意事項

1. 欲回復平面圖繪製狀態（十字游標），在**選項→使用者偏好→網格設定→方位**選項中設定為「矩形」。

2. 按F5可以循環切換等角平面。

3. 等角線可以用極座標定位法繪製，非等角線則計算兩點位置後再連線繪製。

4. 以等角圖繪製的等角立體圖並非實體，只是一般平面的線條組合。

14.9 練習題

1.

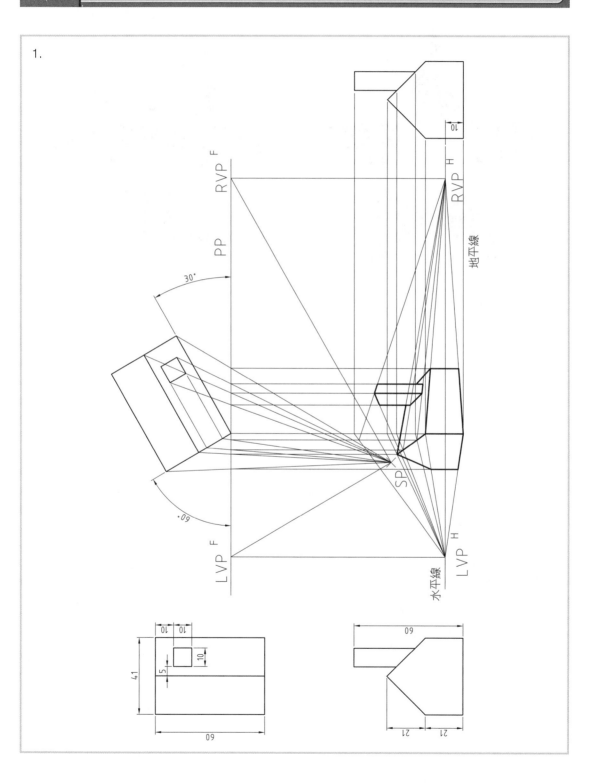

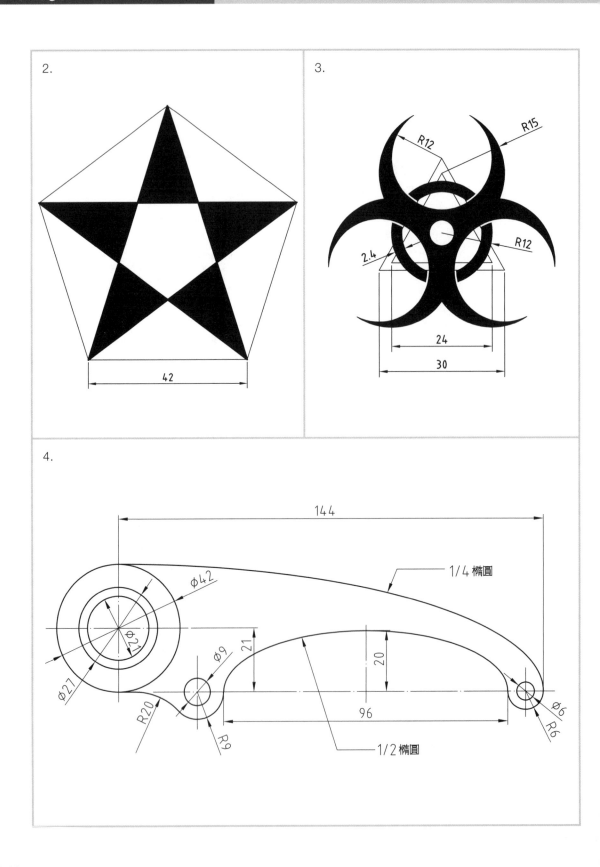

2.

3.

4.

5.

6.

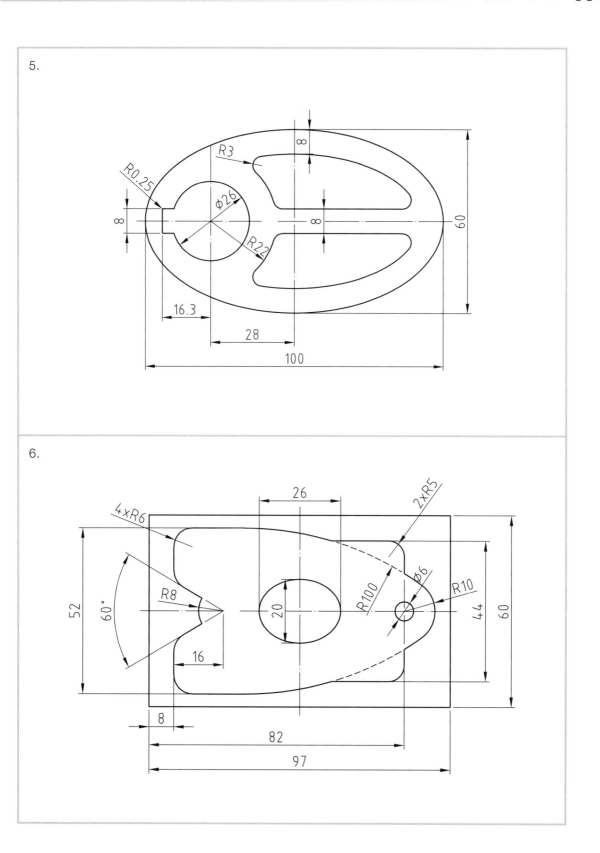

7.

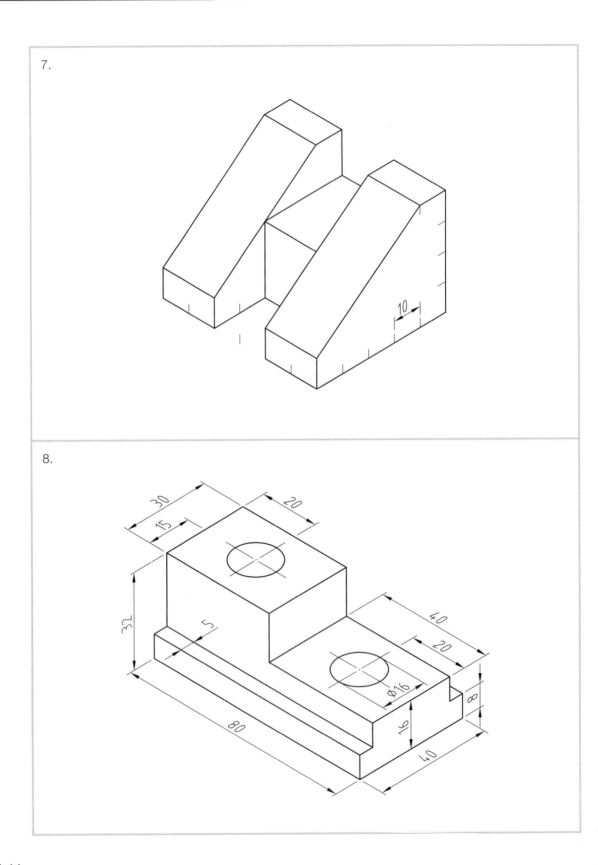

8.

9.

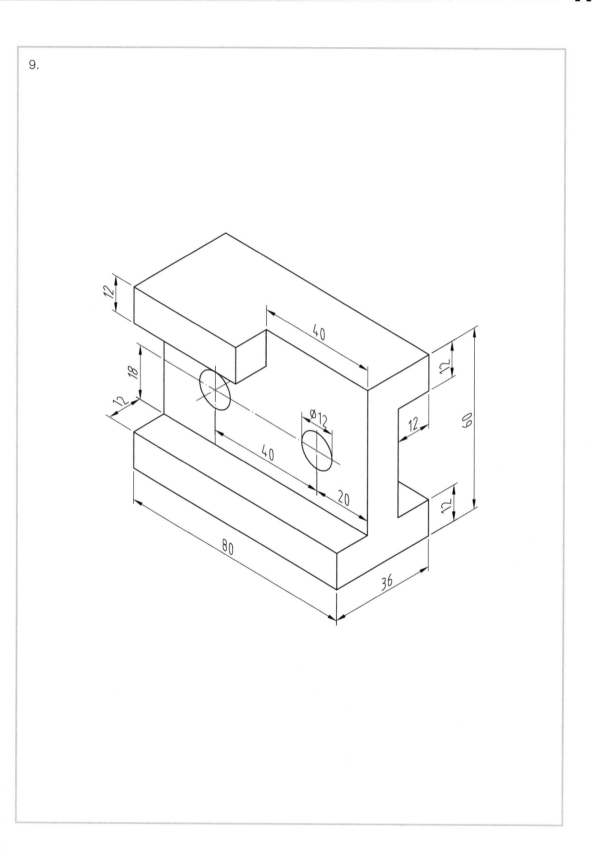

10.

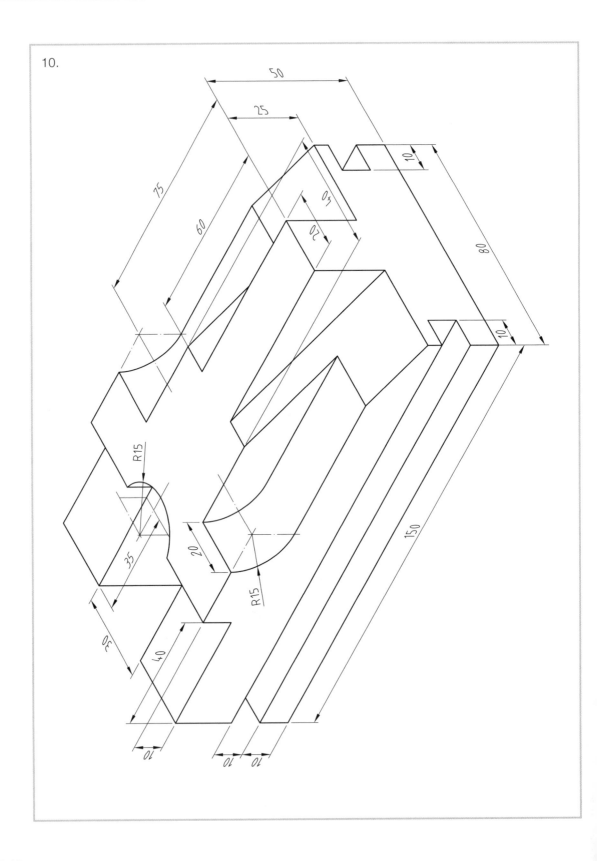

15

聚合線與圖塊

 順利完成本章課程後，您將學會：

- 聚合線
- 編輯聚合線
- 定義圖塊
- 插入圖塊
- 儲存圖塊至檔案
- 編輯零組件
- 定義圖塊屬性
- 編輯圖塊屬性
- 設計資源
- 清除

15.1 聚合線

指令TIPS 聚合線 🔍

- 功能區：首頁→繪製→聚合線 ⚬▾
- 功能表：繪製→聚合線
- 指令：**POLYLINE(PL)**

聚合線是由連接的直線或連接的圓弧線段構成的工程圖圖元，您可以使用不同寬度和填實設定的線段產生聚合線。

聚合線的預設線段類型是線性線段，產生聚合線後，您可以使用抓取點來移動、新增或刪除頂點。

```
指令：POLYLINE
選項：輸入來從最後一個點繼續或
指定起點》：指定聚合線第一條線段的起點
選項：圓弧(A),半寬度(H),長度(L),復原(U),寬度(W),按Enter來結束或
指定下一個頂點》：指定點或輸入選項
選項：圓弧(A),關閉(C),半寬度(H),長度(L),復原(U),寬度(W),按Enter來結束或
指定下一個頂點》：指定點或輸入選項
```

- **圓弧(A)**：繪製弧線的聚合線。
- **半寬度(H)**：指定對稱圍繞於線段終點的寬度。
- **長度(L)**：輸入水平線段的長度。
- **寬度(W)**：線段的起始與終止寬度，產生較粗的線條或圓弧線段。

```
指定下一個頂點》_Arc
選項：角度(A),中心(CE),關閉(CL),方向(D),半寬度(H),直線(L),半徑(R),通過點(T),復原
(U),寬度(W),按Enter來結束或
指定弧終點》：指定弧終點或輸入選項
```

弧的選項設定如下表：

弧終點：指定切線弧的終點。	角度：指定弧線段的夾角，正值為逆時針；負值為順時針。	中心：指定弧線段的中心點與終點。	關閉：以弧線段來封閉聚合線。
	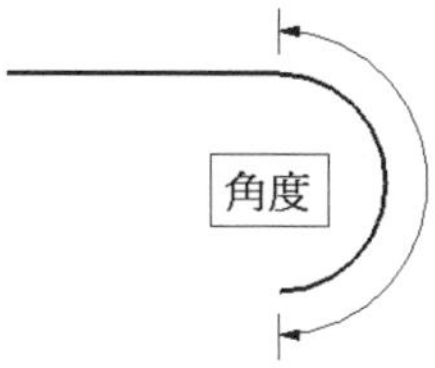 \n角度	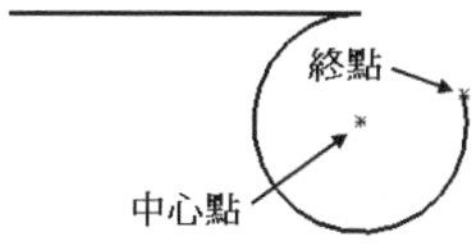 \n終點\n中心點	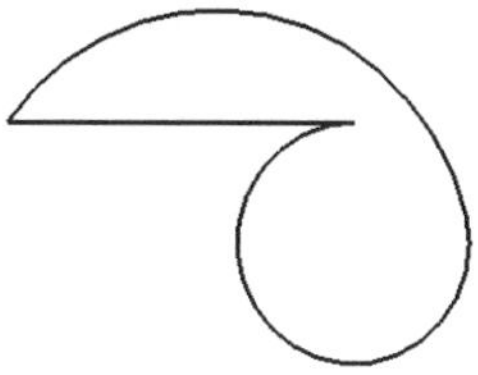
方向：指定弧線段的切線方向與終點。	半寬度：指定寬度聚合線的一半寬度。	半徑：指定弧線段的半徑值。	通過點：指定三點弧的第二點和終點。
\n切線方向\n2\n終點\n3 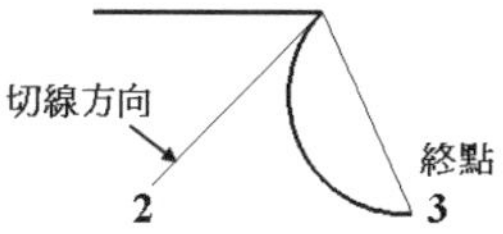	\n半寬 	\nR 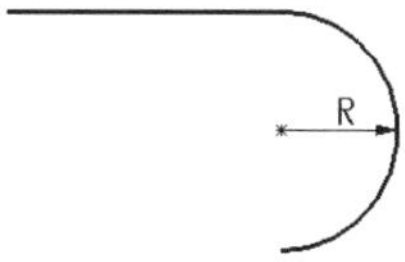	\n通過點\n終點 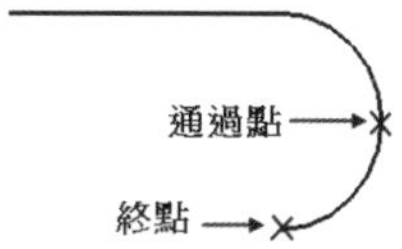
直線：結束「弧」選項並返回聚合線的畫線模式。	復原：退回至上一個步驟。	寬度：指定弧線段的寬度值，如右圖。起點與終點的寬度值可以不同。	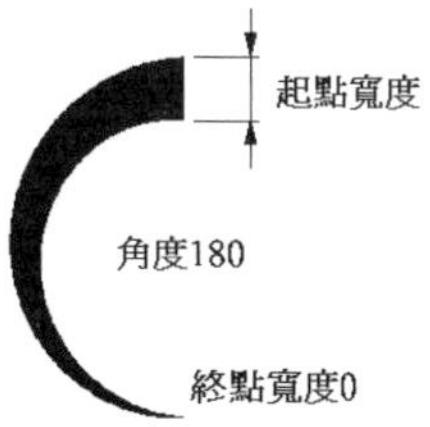 \n起點寬度\n角度180\n終點寬度0

聚合線的性質

1. 聚合線可以用點、線、虛線類別畫出。
2. 聚合線可以有寬度及錐度，寬度最小標準為0。
3. 連續的線段或弧可形成填滿的圓或環。
4. 聚合線可隨需要在任何地方做圓角和倒角。
5. 聚合線可作曲線擬合或不規則曲線。
6. 聚合線可計算周長及面積。
7. 聚合線可被編輯，如插入、移動、刪除頂點或將一些線段、弧或其他聚合線加入結合成一聚合線。

提示 用線、弧繪製的連續物件也可用熔接（WELD）指令接合成聚合線。

15.2 編輯聚合線

指令TIPS 編輯聚合線

- 功能區：首頁→修改→編輯聚合線
- 功能表：修改→圖元→聚合線
- 指令：**EDITPOLYLINE(PE)**

已繪製完成的聚合線可以使用**編輯聚合線**指令編輯，像是開放封閉的聚合線或關閉開放的聚合線、將聚合線與其他工程圖圖元結合，例如直線、圓弧或聚合線、變更整條聚合線的寬度並推拔整條聚合線、編輯個別聚合線線段的控制點（頂點）等。

此外，您也可以將直線線段轉換成弧形，反之亦然。

指令：EDITPOLYLINE
選項：多個(M)或
指定聚合線»：選擇聚合線或輸入m
找到1
選項：不規則曲線(S),反向(R),取消曲線(D),寬度(W),復原(U),拔錐(T),擬合(F),直線產生(L),結合(J),結束(X),編輯頂點(E)或開啟(O)
指定選項»：輸入選項，或按Enter鍵結束指令

指令：EDITPOLYLINE
選項：多個(M)或
指定聚合線»：選擇非聚合線
找到1
所選圖元不是聚合線。
預設：是(Y)
確認：是否要將其變為一個？
指定是(Y)或否(N)»：輸入y或n，或按[Enter]
選項：不規則曲線(S),反向(R),取消曲線(D),寬度(W),復原(U),拔錐(T),擬合(F),直線產生(L),結合(J),結束(X),編輯頂點(E)或關閉(C)
指定選項»_Join
指定圖元»
指定圖元»
找到1，總計2
指定圖元»
2segments已加入聚合線

- **不規則曲線 (S)**：使用所選取聚合線的頂點作為不規則曲線的控制點，轉換聚合線為曲線。
- **反向 (R)**：反轉聚合線的方向與聚合線頂點的順序。
- **取消曲線 (D)**：使用擬合或不規則曲線產生的聚合線曲線回復至其原始頂點。
- **寬度 (W)**：指定整條線段的聚合線新的寬度。
- **拔錐 (T)**：推拔聚合線從起點到終點的寬度，指定起點的寬度，然後指定聚合線終點的寬度。
- **擬合 (F)**：將聚合線轉換為由結合每對頂點的圓弧而形成的平滑曲線，產生圓弧擬合的聚合線。
- **直線產生 (L)**：針對有非連續線條樣式的聚合線，是否使用連續或虛線的線條樣式圍繞其頂點。
- **結合 (J)**：將直線、圓弧和其他聚合線與選取的聚合線合併，要編輯的聚合線與要結合的圖元必須剛好相交在一個點上。
- **編輯頂點 (E)**：使用編輯選項編輯聚合線的頂點。
- **關閉 (C)/開啟 (O)**：如果聚合線是開放的，選項會顯示為**關閉**，指定關閉後，可將聚合線的起點和終點用直線聚合線線段結合。如果聚合線是封閉的，選項會顯示為**開啟**，指定開啟後，可刪除起點和終點之間的聚合線線段。

| 線與弧 | 結合 | 擬合 | 不規則曲線 | 直線產生 | 寬度 1 |

15.3 定義圖塊

指令TIPS 定義圖塊

- 功能區：**插入→圖塊定義→定義圖塊**
- 功能表：**繪製→圖塊→定義**
- 指令：**MAKEBLOCK(B)**

　　圖塊類似於群組的功能，它是由可以具有不同性質多個圖元聚集在一起而形成的單一圖元，並指定名稱儲存於圖檔內以供隨時插入工程圖中使用，以免去重複繪製。

　　但是圖塊只能在目前的工程圖中使用，因此您可以使用將**圖塊儲存至檔案**（EXPORTDRAWING）指令，以dwg圖檔的方式儲存供其他工程圖檔案使用，或透過**設計資源**（參閱後面說明），直接將圖塊複製到其他圖檔中成為新圖檔的圖塊。

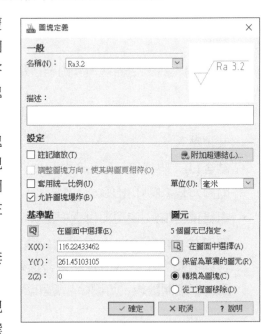

- **名稱**：欲建立的圖塊名稱，或是選擇要覆寫圖塊的現有圖塊，名稱最多可包含255個字元，可包含字母、數字、空格和特殊字元，例如 $、#、_，名稱區分大小寫，圖塊名稱和定義會儲存在目前圖面中。

- **設定**：指定圖塊的工程圖單位、加入圖塊的超連結、是否套用可註記縮放、指定視埠圖塊方向與配置圖頁方向相符、限制圖塊的不同X、Y和Z縮放係數、允許圖塊在插入時可以爆炸等。

  - **註記縮放**：指定當您插入圖塊時是否套用可註記縮放。

  - **調整圖塊方向以便與圖頁相符**：指定視埠圖塊方向與配置圖頁方向相符。此選項僅在選取可註記縮放時才可使用。

  - **套用統一比例**：在插入圖塊時是否只允許等比例縮放圖塊。如果沒有選擇此選項，在插入圖塊時可以指定不同的X、Y和Z縮放係數。

  - **允許圖塊爆炸**：指定是否允許圖塊可被爆炸，以及可讓圖塊在插入時爆炸。

  - **單位**：讓您從目前工程圖的單位中選取不同的單位。

  - **附加超連結**：可讓您指定圖塊的超連結。

- **基準點**：設定要在插入圖塊時用作插入點的基準點，它也是用於變更比例的基準點，並且可在插入期間作為旋轉點，按 🔲 **在圖面中選擇**，可選擇圖塊指定的插入基準點，預設的基準點是(0,0,0)。

- **圖元**：按 🔲 **在圖面中選擇**指定要形成圖塊的圖元，被選取的物件可以：(1)維持原本的圖元狀態；(2)轉換為圖塊；(3)被刪除。

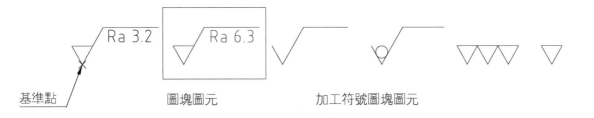

基準點　　　　　　　圖塊圖元　　　　加工符號圖塊圖元

15.4 插入圖塊

指令TIPS 插入圖塊

- 功能區：**插入→圖塊→插入圖塊**
- 功能表：**插入→圖塊**
- 指令：**INSERTBLOCK(I)**

插入圖塊時可以透過預覽，將內部圖塊以及外部工程圖作為圖塊插入工程圖。在工程圖中插入圖塊會產生圖塊參考。

- **位置**：勾選**稍後指定**，在對話方塊關閉之後指定螢幕上的插入點，或在位置底下的 X、Y 和 Z 中，指定座標值。
- **爆炸圖塊**：勾選**爆炸圖塊**，將圖塊爆炸分解為個別的一般圖元。
- **比例**：勾選**稍後指定**，以便在插入期間定義圖塊大小、或指定插入圖塊的放大（>1）或縮小（<1）比例、或勾選**套用統一比例**。
- **旋轉**：指定插入圖塊的旋轉角度，或勾選**稍後指定**，在插入期間設定圖面中的旋轉角度。
- **圖塊單位**：在圖塊單位之下，您不能編輯單位或比例。

15.5 儲存圖塊至檔案

指令TIPS 輸出工程圖

- 功能區：插入→圖塊定義→輸出工程圖
- 功能表：輸出→工程圖
- 指令：**EXPORTDRAWING(W)**

　　與**定義圖塊**指令相同的是，**輸出工程圖**也是建立圖塊，但是並不是定義在工程圖檔中，而是將圖塊以指定的檔案名稱儲存為個別的工程圖檔案，以供其他工程圖檔使用。

- **圖塊**：在工程圖中選擇要儲存至檔案的現有圖塊。
- **所有圖元**：將整個工程圖儲存至檔案。
- **所選圖元**：將您選取的圖元儲存至檔案。
- **目的地**：指定儲存至檔案的路徑與檔案名稱。

15.6 編輯零組件

指令TIPS 編輯零組件

- 功能區：插入→零組件→編輯零組件
- 功能表：修改→零組件→編輯
- 指令：**EDITCOMPONENT**

圖塊插入以及附加的參考其功能如同工程圖中的單一元素。它們也稱為零組件。您可以移動、複製、鏡射、旋轉或縮放零組件，但是您無法存取構成零組件的元素（預設）。

按**編輯零組件**後，系統出現**編輯零組件**對話方塊，供您選擇圖塊（零組件），按**確定**以開始所選圖塊或參考的就地編輯。

開始零組件編輯工作時，除了所選的圖塊或參考的元素外，工程圖會變為暗淡，您可以

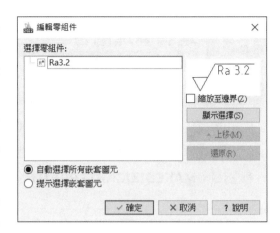

在目前的工程圖中編輯參考圖塊或工程圖內的個別元素，即加入或移除元素，以變更圖塊或參考的定義，已修改的圖塊和參考的所有副本將會在工程圖中更新。

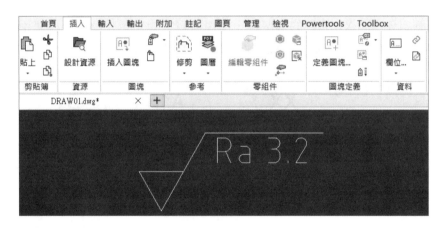

在零組件編輯工作階段，您可以使用下列功能：

- **加入元素** ⊚；選擇要加入到圖塊定義或參考的元素。
- **移除元素** ⊚：選擇要從圖塊定義或參考中移除的元素。
- **儲存並關閉** ⊡：圖塊或參考的所有副本將會更新。
- **關閉零組件** ⊡：結束圖塊定義或參考的就地編輯，系統會出現提示**儲存**或**捨棄**的對話方塊。

- **編輯基準點** ⊡：為圖塊定義設定新的插入基準點。

15.7 定義圖塊屬性

指令TIPS 定義圖塊屬性

- 功能區：插入→圖塊定義→定義圖塊屬性
- 功能表：繪製→圖塊→定義圖塊屬性
- 指令：**MAKEBLOCKATTRIBUTE**

當你建立好圖塊後，圖塊內的物件可以指定變數，使用**定義圖塊屬性**指令可讓您將變數或常數文字附加至圖塊，當您插入含有圖塊屬性的圖塊時，系統會提示您輸入每個圖塊屬性的值（除非值已定義為常數），或使用變數的預設值。

例如下圖定義不含XX屬性的圖塊後，使用編輯零組件編輯圖塊，再使用定義圖塊屬性建立屬性XX，儲存後，在插入圖塊時系統會提示您輸入屬性值A1等。

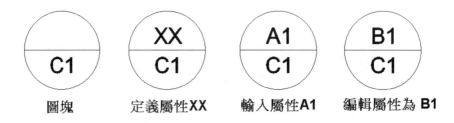

| 圖塊 | 定義屬性XX | 輸入屬性A1 | 編輯屬性為 B1 |

若需要變更屬性值為其他時，您可以再使用**編輯屬性**（EditBlockAttribute）指令，編輯圖塊參考的圖塊屬性，例如將A1變更成B1。

STEP 1 定義圖塊

按**定義圖塊**，輸入名稱、指定圓心為基準點、選擇圖元，按**確定**。

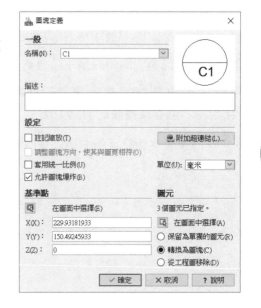

STEP 2 編輯圖塊（編輯零組件）

按**編輯零組件**，選擇要編輯的
圖塊C1，或在已定義的圖塊C1上
快點兩下，系統出現編輯零組件的
對話方塊，選擇圖塊後按**確定**，系
統顯示暗黑色，為編輯零組件模式。

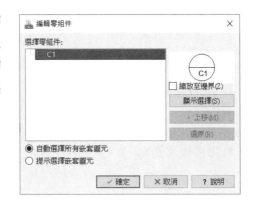

STEP 3 定義圖塊屬性

按**圖塊定義→定義圖塊屬性**，
名稱輸入 "XX" 或其他、**標題**輸入
"輸入區域值" 或其他提示文字、
預設值輸入 "A1" 或其他，**位置**勾
選**稍後指定**（按確定後才指定XX
在圖塊中的位置），選擇文字模式與
調整文字對齊樣式，**行為**選項不勾
選，按**確定**。

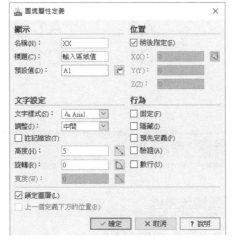

此時系統提示您指定屬性名稱
XX在圖塊中的位置，完成後按**零
組件**中的**儲存並關閉** ，畫面回復
至一般繪圖狀態，原始圖塊並未顯示XX名稱。

STEP 4 插入圖塊與輸入屬性

按**圖塊→插入圖塊**，從插入圖塊對
話方塊中選擇圖塊名稱，按**確定**，系統
提示您指定圖塊插入點，指定後系統再
提示你輸入屬性值（提示文字：輸入區
域值）或按Enter使用**預設值**。

指令：INSERTBLOCK
選項：角度(A),參考點(P),統一比例(S),X,Y,Z 或
指定目的地»：指定圖塊放置點
指定圖塊屬性值
預設：A1
輸入區域值»：按 Enter 使用預設屬性值 A1
指令：INSERTBLOCK
選項：角度(A),參考點(P),統一比例(S),X,Y,Z 或
指定目的地»：指定圖塊放置點
指定圖塊屬性值
預設：A1
輸入區域值»：輸入新屬性值 "B1"

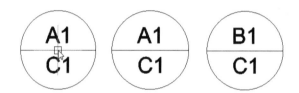

15.8 | 編輯圖塊屬性

指令TIPS　編輯圖塊屬性

- 功能區：**插入→圖塊→編輯屬性→單一** 🖋 、**整體** 🖼
- 功能表：**修改→圖元→圖塊屬性→單一、整體**
- 指令：**EDITBLOCKATTRIBUTE**

　　使用**編輯圖塊屬性**指令可以編輯多個圖塊副本中同一變數屬性的值和文字選項。您可以取代所有圖塊的所有或僅一部分屬性值，或只選擇單一個圖塊上執行。此外，您可以個別變更位置、高度、角度和樣式等。

在此指令中，**單一**使用對話方塊編輯屬性，使用上較為親和與容易，而**整體**則使用指令列處理，較為吃力與不變，故不建議使用。

STEP 1 您可以按**單一**  ，再選擇圖塊，或在圖塊上快點兩下，系統出現**進階屬性編輯**對話方塊，從**圖塊的屬性值**群組中有定義圖塊屬性的名稱、標題與值；以及其他可以變更的屬性與文字選項等。

STEP 2 在編輯器內，輸入值為 "D4"，按**套用**，被選定的圖塊屬性已變更為新的文字。

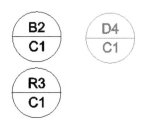

STEP 3 在編輯器內，輸入值為 "F5"，勾選**變更所有副本的屬性值**，按**確定**，此時工程圖中的所有圖塊名稱 C1 的 XX 屬性值全部變更為 F5。

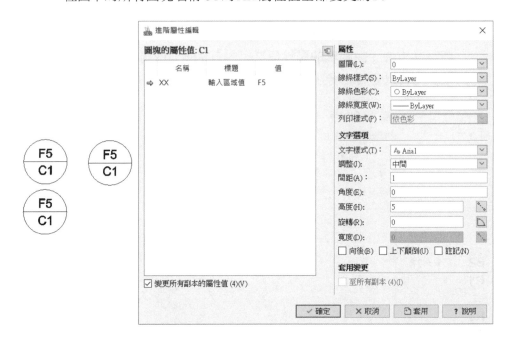

15.9 | 設計資源

指令TIPS 設計資源

* 功能區：**插入→資源→設計資源**
* 功能表：**工具→設計資源**
* 指令：**DESIGNRESOURCES**

　　設計資源就像一個分享物件的介面，可以存取電腦或連線的網路位置上其他工程圖的資源及內容。將來源圖面中的圖塊、參考工程圖、圖層、線條樣式、尺寸樣式、文字樣式、表格樣式及配置圖頁輸入到目前的工程圖中。

　　如果您經常插入圖塊，建議您在特定資料夾中的工程圖檔案內收集原則或類別相同的圖塊。在設計資源中，這些工程圖可以作為圖塊資料庫使用。

　　在**設計資源**調色盤中，您可以從設計資源選單中拖放工程圖內容、對內容進行複製和貼上，並新增、附加或插入內容：

- **工具列**：使用設計資源選單上方工具列中的按鈕來設定導覽和存取選項。例如：開啟資源、最愛與 3D ContentCentral® 網站等。

- **資料夾樹狀視圖**：資料夾樹狀視圖可讓您瀏覽電腦上的資料夾及檔案、連接的網路位置及系統桌面。

- **內容清單**：內容清單區域會顯示您在資料夾樹狀視圖中所選項目的內容。若選擇工程圖檔案，內容會顯示該工程圖所含之已命名物件的所有類別清單。

- **預覽區域**：預覽區域會顯示所選的工程圖檔案、圖塊、參考及影像的預覽。

- **狀態列**：狀態列會顯示資料夾樹狀視圖中所選項目的完整資料夾及檔案名稱，以及內容清單中所列之適用項目的數量。

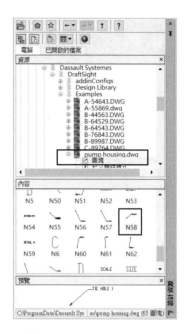

15.10 清除

指令TIPS 清除

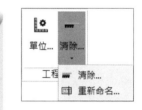

- 功能區：**管理→工程圖→清除** ▬
- 功能表：**檔案→清除**
- 指令：**CLEAN**

清除指令會移除工程圖中未使用的參考。您可以移除圖塊定義、圖元群組、圖層、定義的草稿樣式（例如線條樣式、文字樣式、尺寸樣式和富線樣式）以及其他參考，但前提是它們沒有被工程圖檔案中的其他定義或圖元所參考。

清除指令並不會因為工程圖的其他零組件從未參考定義的視圖或座標系統，而將該等視圖或座標系統移除。

15.11 練習題

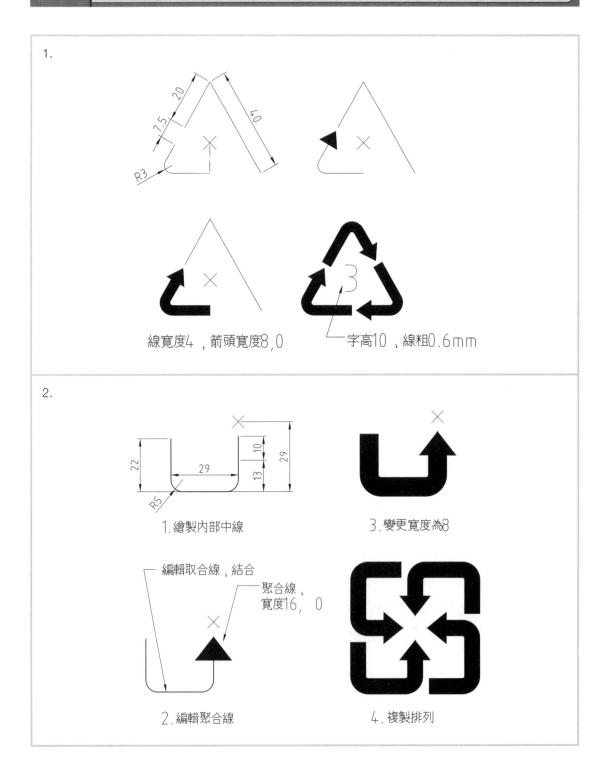

1.

線寬度4，箭頭寬度8，0

字高10，線粗0.6mm

2.

1.繪製內部中線

3.變更寬度為8

編輯取合線，結合

聚合線，
寬度16，0

2.編輯聚合線

4.複製排列

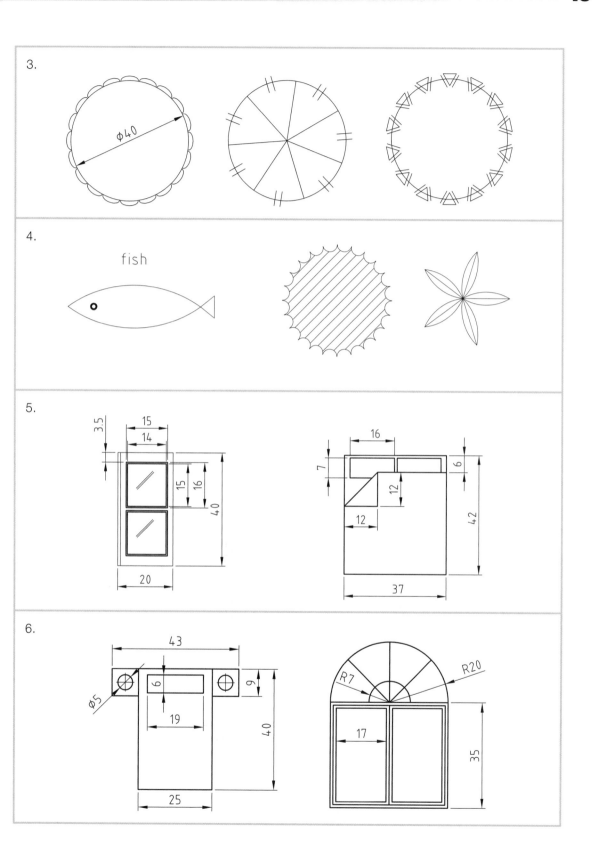

7.

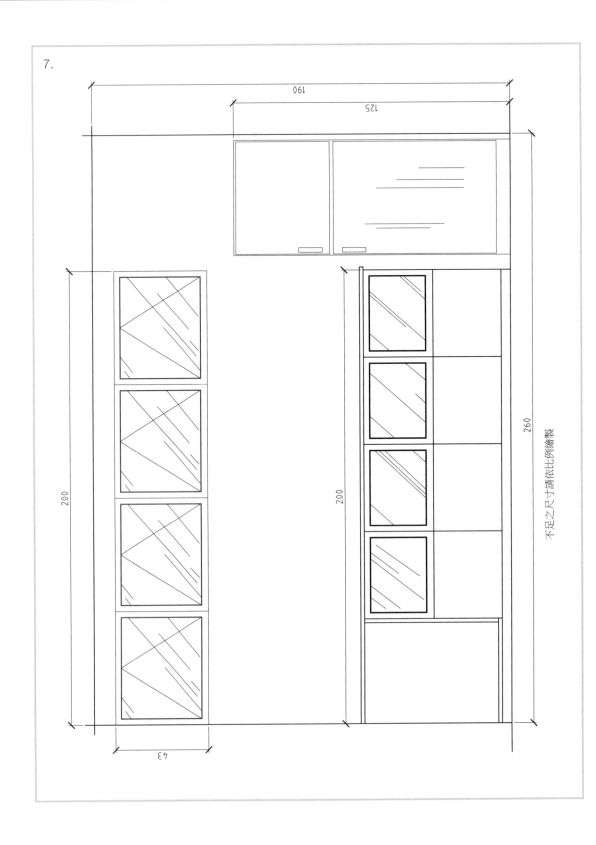

16

參考、圖頁與列印

順利完成本章課程後，您將學會：

- 參考
- 圖頁
- 列印

16.1 參考

16.1.1 參考調色盤

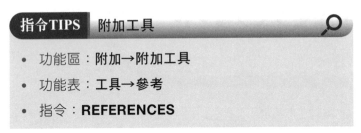

指令TIPS　附加工具

- 功能區：附加→附加工具
- 功能表：工具→參考
- 指令：**REFERENCES**

　　執行 References 指令可以啟用管理參考工程圖或影像檔案的**參考**調色盤，同樣地，在功能區按滑鼠右鍵，點選快捷功能表中的**參考**也能開啟**參考**調色盤，當您開啟帶有參考檔案的工程圖時，參考將會以其目前的狀態顯示，並可以使用參考調色板加以管理。在網路上與他人共同合作時，您可能需要更新參考。程式會以指定工程圖最近儲存的狀態將它們重新載入。

　　如調色盤所示，您可以**附加工程圖、附加影像、附加 PDF 與附加 DGN** 等物件。

16.1.2 　附加工程圖

指令TIPS　附加工程圖

- 功能表：**插入→參考工程圖**
- 指令：**ATTACHDRAWING**

　　您可以將外部工程圖附加至目前的工程圖中，這會使外部工程圖與目前工程圖之間產生連結，而不內存於圖檔中。系統會定期檢查附加的參考工程圖是否自上次載入參考工程圖後有所變更，若原始檔案遺失，圖檔中將不會顯示。

　　當開啟含有一或多個外部參考檔案的工程圖時，**外部參考**圖示 會出現在狀態列最右邊，按一下**外部參考**圖示會顯示**參考調色盤**。

　　在**附加參考：工程圖**對話方塊中，**名稱**會顯示所選檔案的名稱，或者您也可以選擇先前附加的工程圖，或按**瀏覽**選擇不同的工程圖。

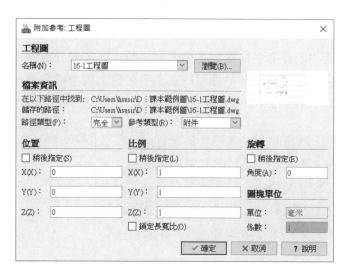

- **路徑類型**：指定如何顯示工程圖的路徑。
- **參考類型**：指出將目前的工程圖附加至其他工程圖時，是否要包括參考工程圖。
- **指定插入點**：勾選**稍後指定**，可讓您在按**確定**後指定圖面中的插入點。
- **指定比例**：勾選**稍後指定**，可讓您在按**確定**後指定圖面中的比例。
- **指定旋轉**：勾選**稍後指定**，可讓您在按**確定**後指定圖面中的角度。

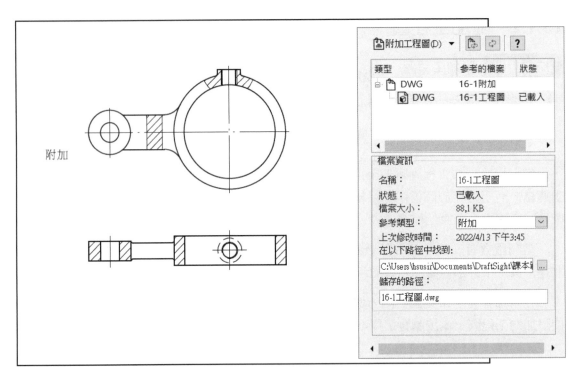

已附加至工程圖中的參考名稱會列在參考調色盤中。若要分離使用**附加工程圖**指令附加到目前的工程圖中的參考工程圖，您可以在參考名稱上按滑鼠右鍵，從快捷功能表中點選**分節**；或使用DetachDrawing指令，在指令行中輸入附加工程圖的檔案名稱即可分離。

⑨ 注意　若是在繪圖畫面中點選附加的工程圖，
按Delete鍵刪除，這只刪除圖面中的參
考，在參考調色盤上附加參考仍存在，
需用分節才能移除。包含下列的附加影
像、PDF、DGN亦是如此。

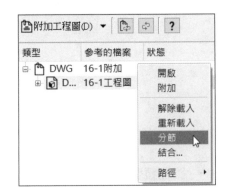

16.1.3　附加影像

指令TIPS　附加影像　🔍

- 功能表：**插入→參考影像**
- 指令：**ATTACHIMAGE**

您可以在工程圖中附加影像，支援的檔案部份類型為：.bmp、.png、.jpg、.jpeg。

在**附加參考：影像**對話方塊中，**名稱**會顯示您所選擇的檔案名稱，或者您可以選擇先前附加的影像，或按**瀏覽**選擇不同的影像。

選項設定請參閱16.1.1附加工程圖。

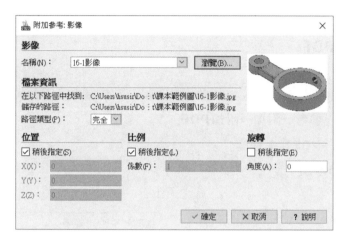

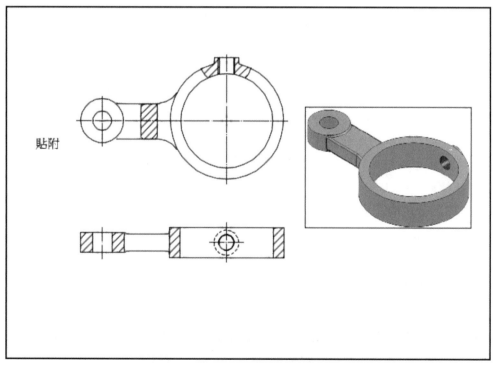

已附加至工程圖中的參考名稱會列在參考調色盤中。若要分離使用**附加影像**指令附加到目前的工程圖中的參考影像，您可以在參考名稱上按滑鼠右鍵，從快捷功能表中點選**分節**；或使用**DetachImage**指令，在指令行中輸入附加影像的檔案名稱即可分離。

16.1.4　附加 PDF

指令TIPS　附加 PDF

* 功能區：插入→參考→附加→附加 **PDF**
* 功能表：插入→ **PDF 參考底圖**
* 指令：**ATTACHPDF**

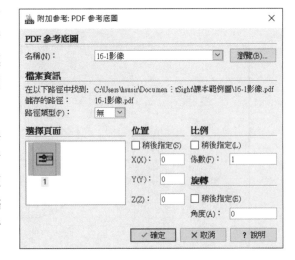

附加 PDF指令可將 PDF 文件的頁面附加到工程圖，在**附加參考:PDF 參考底圖**對話方塊中，名稱會顯示所選檔案的名稱，或者您也可以選擇先前附加的 PDF 檔案，按**瀏覽**可選擇不同的 PDF 檔案。

已附加至工程圖中的參考名稱會列在參考調色盤中。若要分離使用**附加 PDF** 指令附加到目前的工程圖中的 PDF 頁面，您可以在參考名稱上按滑鼠右鍵，從快捷功能表中點選**分節**；或使用 DetachPDF 指令，在指令行中輸入附加 PDF 的檔案名稱即可分離。

選項設定請參閱 16.1.1 附加工程圖。

16.1.5　附加 DGN

指令TIPS　附加 DGN

* 功能區：插入→參考→附加→附加 **DGN**
* 功能表：插入→ **DGN 參考底圖**
* 指令：**ATTACHDGN**

　　附加**DGN**指令可將DGN工程圖檔案（DesiGN檔案）作為參考底圖附加至工程圖。*.dgn類型的檔案來自於MicroStation®或其他CAD軟體所使用的CAD檔案資料格式。

　　已附加至工程圖中的參考名稱會列在參考調色盤中。若要分離使用**附加DGN**指令附加到目前的工程圖中的DGN頁面，您可以在參考名稱上按滑鼠右鍵，從快捷功能表中點選**分節**；或使用DetachDGN指令，在指令行中輸入附加DGN的檔案名稱即可分離。

16.2 ┃ 圖頁

　　當工程圖完成時，您可以套用**圖頁**標籤為其設計列印配置，**可註記縮放**可讓列印成品中的文字、尺寸及剖面線保持一致的大小與比例。

16.2.1 　模型與圖頁工作空間切換

　　按**選項→工程圖設定→顯示**，勾選**顯示模型及圖頁**標籤，在視窗的左下角指令行上方即會顯示標籤。

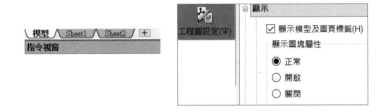

　　一般開啟新檔皆直接使用**模型**空間，若要使用圖頁，你可以按Sheet1或Sheet2，系統畫面進入圖頁空間。圖頁代表的是工程圖的紙張配置，您可以在**圖頁**標籤上產生多個配置。雖然工作空間切換為配置圖頁，但是您仍可以在視埠中繪製或編輯圖元。

　　在圖頁配置空間中，您可以顯示視埠中的模型視圖、產生邊界、插入標題圖塊，或是加入註記、零件清單或圖例。

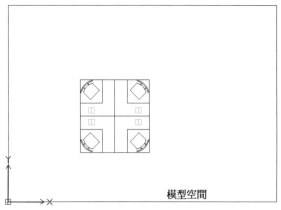

模型空間

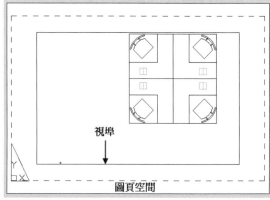

視埠

圖頁空間

16.2.2 產生與管理圖頁

要產生已完成的工程圖，系統提供了兩個不同的工作空間：**模型**和**圖頁**。圖頁是一種頁面，可以讓您設定工程圖的列印成品或繪圖。

您可以新增新圖頁，或是重新命名、複製、儲存或刪除現有圖頁，您最多可以在個別標籤上產生255個工程圖圖頁。當您使用Sheet指令時，有幾個選項可以用於管理圖頁標籤，而在模型或圖頁標籤上按滑鼠右鍵，在快捷功能表上也會出現其中幾個選項。

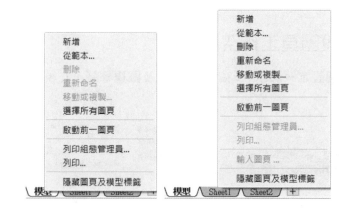

16.2.3 在圖頁上使用視埠

當您切換至圖頁配置空間或新增一個圖頁時，在配置空間內有一個虛線框，與實線矩形框的**視埠**，視埠可顯示模型空間之全部範圍，在視埠中快點兩下，視埠會進入模型空間（矩形框變粗），操作模式與模型空間相同，若要返回圖頁空間（配置模式），在視埠空間框線外配置上的空白區快點兩下即回復到配置空間（矩形框變細），所作變更將顯示在視埠中。

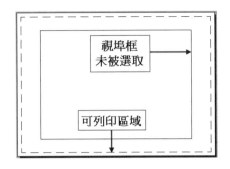
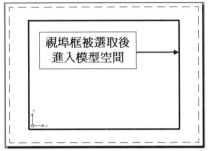

您可以從配置視埠中存取模型空間，並執行下列工作：

- 在配置視埠內的模型空間中，建立與修改物件及調整視圖。
- 在配置視埠內平移視圖，凍結與解凍圖層，並變更圖層可見性。

16.2.4 新增配置視埠

若您在模型空間中按功能區：**檢視→檢視排列**，工程圖視窗會分成兩個、三個或四個矩形區域，亦即可以在不同視窗以不同的比例檢視工程圖，但是畫面仍是同一個工程圖。

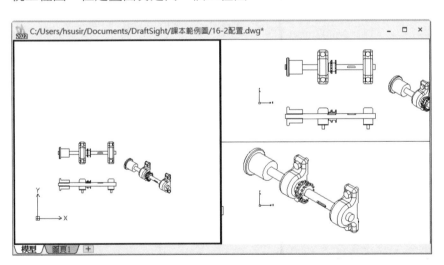

而在圖頁空間中按功能區：**檢視→檢視排列**，可在圖頁上指定區域，以產生與控制多個非重疊檢視的視埠，圖頁上的視埠亦可以產生、擦掉、移動、複製、縮放與伸展，例如：拖曳矩形框掣點可調整大小或按 Delete 刪除。

而功能區：**檢視→檢視視埠管理員**指令則會顯示**檢視非重疊顯示**對話方塊，點選**類型**中的**新增**，**預設組態**下即是新增視埠的排列方式。

如下圖，在對話方塊中按**確定**後再拖曳矩形對角點 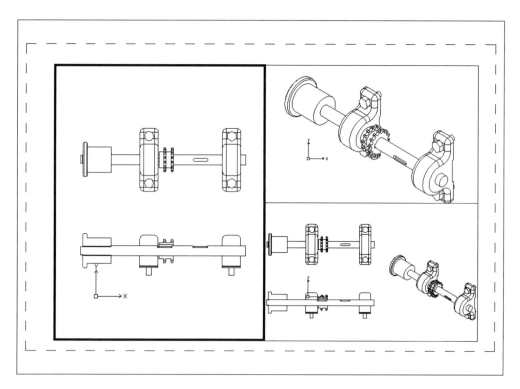 即可新增視埠。

16.2.5 在圖頁上修剪視埠

指令TIPS 修剪視埠

- 功能表：**修改→修剪→視埠**
- 指令：**CLIPVIEWPORT**

使用**修剪視埠**指令可以將目前圖頁上的視埠顯示修剪為不規則形狀。根據預設，當您在圖頁上產生視埠時，將呈現矩形邊界形狀。您可以透過以下兩種方式取代矩形形狀：將封閉式圖元指定為新邊界，或是指向圖面以繪製新的多邊形邊界。

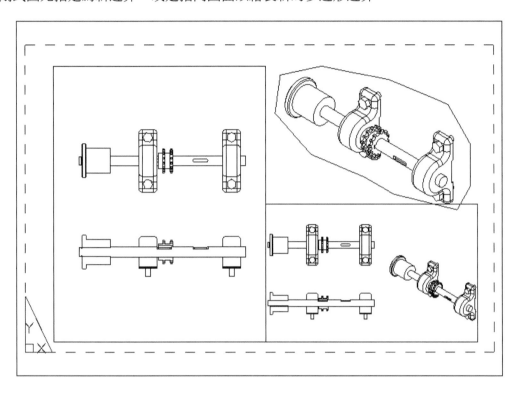

指令：CLIPVIEWPORT
指定視埠»：指定要修剪的視埠
指定視埠»
找到 1
預設：多邊形
選項：多邊形或
指定圖元»：選擇已繪製好的圖元或按 Enter
指定起點»：指定起點
選項：圓弧(A),長度(L),復原(U),按 Enter 來結束或
指定下一個頂點»：指定起點
選項：圓弧(A),關閉(C),長度(L),復原(U),按 Enter 來結束或
指定下一個頂點»：指定頂點
選項：圓弧(A),關閉(C),長度(L),復原(U),按 Enter 來結束或
指定下一個頂點»：指定頂點或按 Enter 結束

16.2.6 調整顯示比例

當您在圖頁配置空間的視埠中工作時,視埠中的視圖和模型空間一樣,是可任意移動位置與調整顯示比例的,調整顯示比例時只要使用ZOOM指令,輸入FA選項,再輸入1xp(1:1)或0.5xp(1:2)即可。

指令:ZOOM
預設:動態(D)
選項:邊界(B),中心(C),動態(D),擬合(F),左(L),上一個(P),已選擇(SE),指定縮放係數(nX或nXP)或
指定第一個角落»:輸入FA,按Enter
nX或nXP...
指定縮放係數»:輸入縮放比例,例如0.5x

16.3 列印

完成繪圖工作後,模型空間的圖面必須輸出至一般的圖紙上;或輸出成電子檔供人瀏覽。

DraftSight的列印方式分為**模型**的列印與**圖頁**的列印,模型空間只要設定後,即能列印出一張完整圖面,圖頁空間則可勾選**列印多張圖頁**。

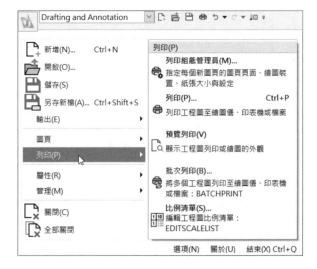

16.3.1 系統選項-列印

在列印時,除了使用**列印**對話方塊之外,一些對話方塊中的設定也可以從**選項→系統選項→列印**中先行選定,例如列印記錄、列印樣式檔案位置及一般選項等。

16.3.2 列印組態設定

- 功能區：→列印→列印組態管理員
- 功能表：**檔案→列印組態管理員**
- 指令：**PRINTCONFIGURATION**
- 捷徑：在**模型**或**圖頁**標籤上按滑鼠右鍵，然後選擇**列印組態管理員**

　　列印組態管理員用於定義列印組態，以便套用為**模型**或**圖頁**的列印預設值，如印表機、紙張大小、列印比例與範圍、方向、邊界偏移、列印樣式表格、塗彩視圖與選項等。讓您在列印時可以直接使用**列印組態**而不用重新設定列印選項，或是僅做選項的微調，這在使用**列印**指令時，可以讓您免去在每張圖紙重新設定的麻煩。

　　您也能將列印組態與圖頁標籤名稱相關聯，任何使用相同圖頁標籤名稱的工程圖都會自動與相同的列印組態相關聯。

列印**組態管理員**使用兩種類型的組態檔案：1.每個列印組態儲存於副檔名為.cfg的個別檔案中；2.列印組態與模型或圖頁標籤名稱的對應儲存於config.map檔案中。這兩種檔案均儲存於使用者的系統列印設定應用程式資料夾中。

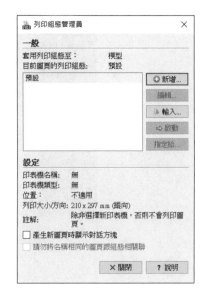

STEP 1　新增

按**新增**，**新列印組態**的**基於**為 "預設"，新的列印組態會套用 "預設"組態中的設定，按**確定**。

STEP 2　儲存列印組態

輸入檔案名稱 "A4模型"，使組態設定值為模型使用，按**存檔**。

STEP▶ **3**　設定列印組態

　　在**列印組態**對話方塊中，設定和編輯列印組態，列印組態對話方塊與**列印**指令使用相同的對話方塊，但停用**列印組態選項**區段。

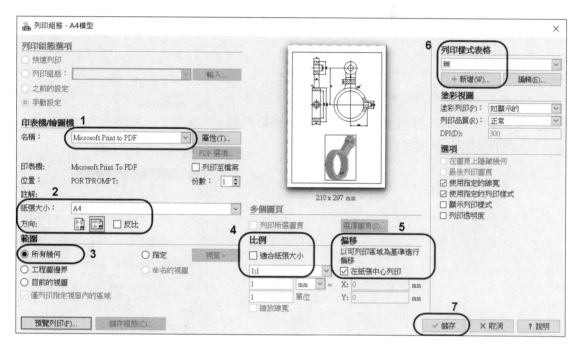

1.　**印表機/繪圖機名稱**：選擇輸出裝置，選項下會列出您系統中的印表機和繪圖機。

2.　**列印至檔案**：可輸出至檔案，而不是輸出到印表機，若是外部實體繪圖機則不需勾選此選項。

3.　**紙張大小**：依印表機或繪圖機的可列印的最大尺寸內，從國際標準紙張大小的格式中選擇紙張大小。

4.　**方向**：選擇縱向或橫向格式，勾選**反向**列印可反轉列印方向。

5.　**範圍**下設定要列印的區域。

　■　**所有幾何**：列印所有可見圖元的邊界方塊內的範圍。

　■　**工程圖邊界**（僅在**模型**標籤中可用）：列印由工程圖邊界決定的範圍。

　■　**圖頁**（僅在**圖頁**標籤中可用）：列印由圖頁大小定義決定的範圍。

　■　**命名的視圖**：列印您選擇的視圖，此選項僅在工程圖中有命名的視圖時才可以使用。

　■　**指定**：按一下視窗，在圖面中選擇兩個對角點作為列印邊界。

　■　**目前的視圖**：列印目前螢幕上可見的工程圖。

6. **比例**：以相對於工程圖單位的指定**比例**列印圖面，若勾選**適合紙張大小**，則以不特定的比例印列至設定的紙張大小，這個選項僅在**模型**標籤中可用。

7. **偏移**：選擇**在紙張中心**列印，將輸出的上下左右邊距調整為相等，或設定X和Y邊距。

8. **列印樣式表格**：選擇列印樣式表格，或按編輯微調設定值，列印樣式表格請參閱後面說明。

STEP 4 儲存

儲存後的列印組態設定檔如圖，已顯示在列表中，你也可以針對不同的紙張大小（如A3），或對圖頁等設定不同的列印組態，以便在列印時套用。

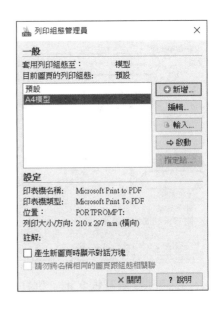

16.3.3 列印樣式設定

指令TIPS 列印樣式設定

- 功能區：□→**列印**→從**列印**對話方塊中，按**新增**後選擇**列印樣式表格**再按**編輯**
- 指令：**PRINTSTYLE**

列印樣式表格（***.ctb**）是控制一系列樣式的集合，包括：線條色彩、線條樣式、線寬、遞色、篩檢、灰階、線端樣式、結合樣式、填補樣式以及筆式繪圖機畫筆的指定等。

如圖，資料夾中顯示的為**列印樣式表格**列表，您可以**新增**或編輯原有的列印樣式表格以開啟列印樣式表編輯器。預設資料夾為：

「C:\Users\使用者\AppData\Roaming\DraftSight\版本編號\Print Styles\」

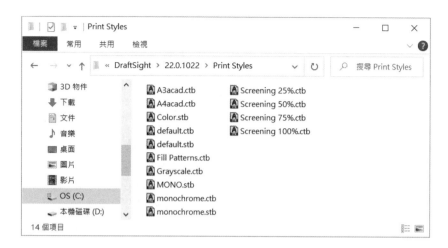

在列印時，常用黑白列印，而且模型圖面若未設定線寬時，則必須在此設定各個圖層色彩線條模式的線寬。在列印設定中，彩色列印常用的為default.ctb檔案；黑白列印常用的為monochrome.ctb。

當您在繪圖區中全部使用黑色單一色彩時，則可以使用PrintStyle來選擇列印樣式表格（*.stb），再按編輯，但是我們這裡都是使用圖層，並限制線條樣色彩與樣式，要使用的是有對應圖元色彩的列印樣式表格（*.ctb），因此不適用於此方式編輯。

STEP 1　新增列印樣式表格

按列印，在列印對話方塊中的**列印樣式表格**下，可以選擇表格後按**編輯**，或按**新增**自訂一個列印樣式表格。

雖然這裡圖元都是彩色，但列印時需全部改成黑色，因此需另一個新表格。在這裡按**新增**，輸入新表格名稱為 "A4 Black"，按**確定**後，系統即產生新名稱表格。

STEP 2　編輯列印樣式表格

在表格列表下選擇 "A4 Black"，按**編輯**，首先將1-7號色彩全部變更為**黑體**，再依下面建議之CNS-3的粗中細設定，使用A4欄位設定變更1-7號色彩線條寬度，按**確定**。

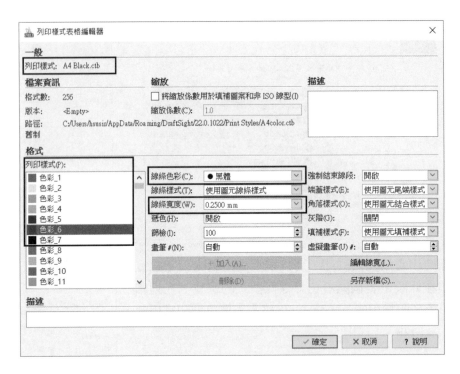

CNS-3的粗中細設定如下表：

粗	1	0.8	0.7	0.6	0.5	0.35
中（標準）	0.7	0.6	0.5	0.4	0.35	0.25
細	0.35	0.3	0.25	0.2	0.18	0.13

下表為設定一般A3及A4黑白列印時之列印樣式表中的**線條色彩**與**線條寬度**設定：

線條色彩	色彩1紅	色彩2黃	色彩3綠	色彩4 青藍	色彩5藍	色彩6 洋紅	色彩7黑
列印色彩	黑	黑	黑	黑	黑	黑	黑
A3線條 寬度	0.25mm	0.18mm	0.18mm	0.18mm	0.7mm	0.35mm	0.5mm
A4線條 寬度	0.20mm	0.13mm	0.13mm	0.13mm	0.5mm	0.25mm	0.35mm
線條樣式	文字	中心線 假想線	尺寸線	剖面線	外框線	虛線	實線 連續線

STEP 3 編輯列印組態

編輯前面所設定的 "A4模型" 列印組態，變更**列印表格樣式**為 "A4 Black"。

16.3.4 自訂預設比例清單

當您列印、管理列印組態或縮放配置圖頁上的視埠時可以使用**比例清單**。您可以按**選項**→**工程圖設定**→**工程圖比例清單**編輯，預設比例清單會決定新工程圖的工程圖比例清單。

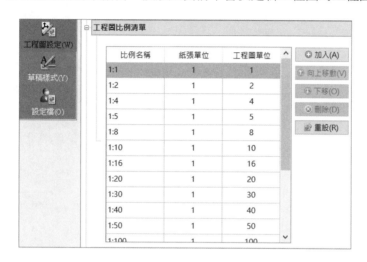

16.3.5 列印模型

指令TIPS 列印

- 功能區：→**列印→列印**
- 功能表：**檔案→列印**
- 指令：**PRINT, CTRL+P**

按**列印** 🖶 後，系統顯示**列印 - 模型**對話方塊，此對話方塊與**列印組態設定**之對話方塊相同，在**列印組態**選項中選擇前面儲存的 "A4模型"，此時所有設定自動變更為 "A4模型" 組態設定值。

您也可以使用**手動設定**，和**列印組態設定**相同，在設定好列印的選項後，按**預覽**，再按**確定**列印。所有的設定方式和**列印組態設定**一樣，完成後您可以按**儲存組態**，另行儲存為一個新的列印組態。

列印選項說明參閱前面的**列印組態設定**。

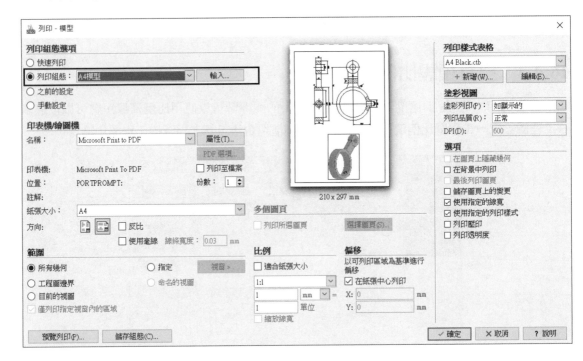

16.3.6 圖頁列印

在**模型**及**圖頁**標籤的**圖頁**上按滑鼠右鍵，從快捷功能表上選擇**列印組態管理員**，新增一個圖頁用的列印組態 "A4圖頁"。

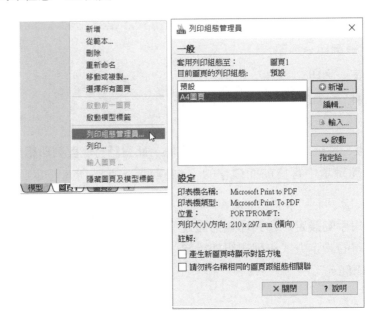

在新增**圖頁**配置時，您可以從**選項→系統選項→一般**對話方塊中，勾選 **"建立新圖頁時顯示列印組態管理員"**，從中選定適用的列印組態管理員，也可以在**列印組態管理員**對話方塊中，勾選**產生新圖頁時顯示對話方塊**。

在**模型**及**圖頁**標籤的**圖頁**上按滑鼠右鍵，從快捷功能表上選擇**列印**，從**列印組態**中選擇 **"A4圖頁"**，與模型不同的是**多個圖頁**選項已可以選用。

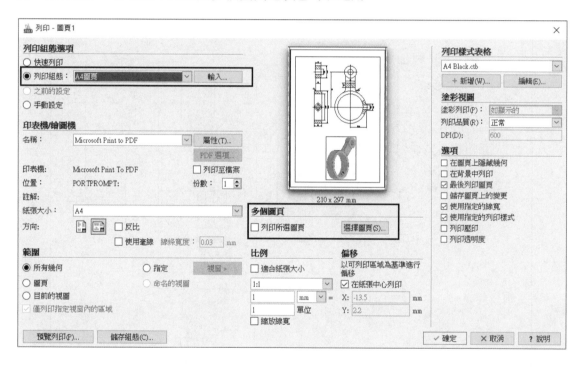

16.4 檢定題

1.

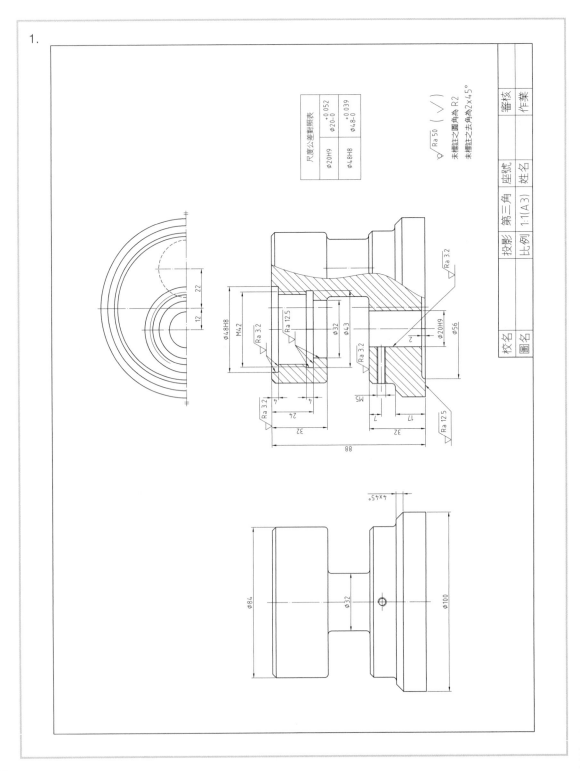

2.

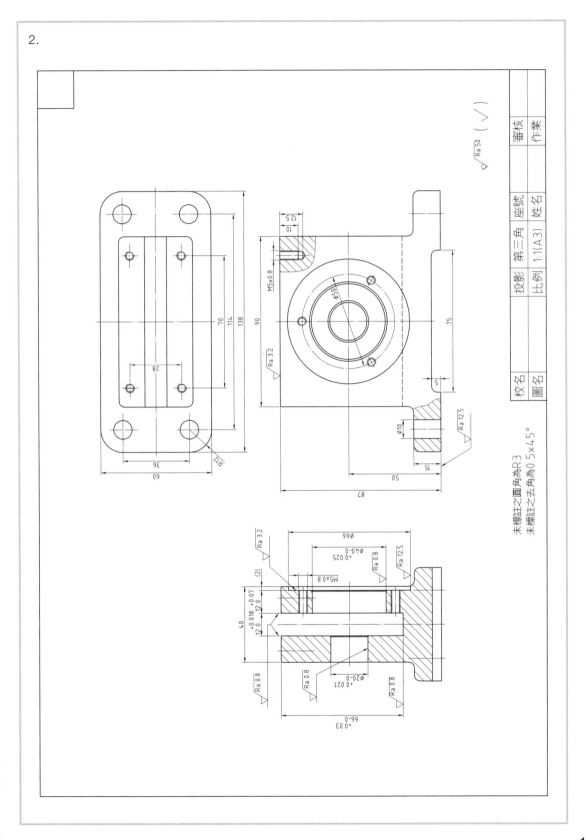

NOTE

17

TOOLBOX

 順利完成本章課程後，您將學會：

- 啟動 Toolbox
- Toolbox 概要
- Toolbox 標準
- Toolbox 設定
- Toolbox 鑽孔
- Toolbox 五金器具
- Toolbox 螺釘連接
- Toolbox 鑽孔表格
- Toolbox 零件號球
- Toolbox 零件表
- Toolbox 圖框

17.1 啟動 Toolbox

在您安裝 DraftSight Professional 以上版本時，Toolbox 附加程式會自動安裝，並會出現在 DraftSight 功能區與功能表列中，如果沒有出現，則必須啟動 Toolbox。

啟動 Toolbox 方式：

指令TIPS　附加程式

- 功能區：**管理→應用程式→附加程式**
- 功能表：**工具→附加程式**

在附加程式對話方塊中，於啟用和開始底下，勾選 Toolbox。

Toolbox 附加程式功能區如下圖：

17.2 | Toolbox 概要

DraftSight 的 Toolbox 附加程式包含一組標準的 2D 設計、草稿和尺寸細目工具，協助您完成下列工作：

1. **管理**：從 Toolbox **標準**對話方塊中選擇一個國家標準的預設標準，或根據其中一個提供的標準產生自訂標準。

2. **五金器具與螺釘連接**：從螺栓和螺釘、螺帽、銷以及墊圈的插入對話方塊中選定選項，再將五金零件的 2D 視圖插入工程圖中。

3. **鑽孔**：選擇具有給定深度或貫穿的柱孔、或錐孔鑽孔，將預先定義的鑽孔加入工程圖中。

4. **符號**：透過產生、預覽以及加入表面加工和熔接符號，讓工程圖更為詳細。

5. **零件號球**：設計及新增零件號球至工程圖圖元上。

6. **零件表**：使用與零件號球相關的項目資料，將零件表表格加入工程圖中，並可將表格的內容輸出為逗號或空格分隔的文字檔案。

7. **修訂表格**：產生包含修訂符號連結的修訂表格，以追蹤工程圖變更。

8. **框架**：系統為每一個工程標準提供一組預先定義的框架和標題圖塊，所有可用的框架檔案都會儲存在特定的資料夾中。

17.3 | Toolbox 標準

指令TIPS 標準 🔍

- 功能區：**Toolbox→管理→標準**
- 功能表：**Toolbox→標準**
- 指令：**TB_STANDARDS**

Toolbox 內含有代表現有國家標準的資料表格集合，建議您從所提供的其中一個標準複製並編輯您自己的自訂標準。

在 **Toolbox 標準**對話方塊中會區分基本和自訂標準，基本標準會與國旗符號一起列出，並且無法修改、重新命名或刪除。

自訂標準會與符號一起列出，您可以複製任何標準，並將其另存為可編輯、重新命名或刪除的全新自訂標準。

依預設，Toolbox會以基本標準 ANSI Inch 做為**使用中的標準**，如要變更使用中的標準，選擇標準後，再按啟用，若是不使用標準，則可勾選**沒有使用中的標準**。臺灣目前使用的是CNS標準，因系統並未提供，您可以選擇ISO或JIS使用，或自訂標準。

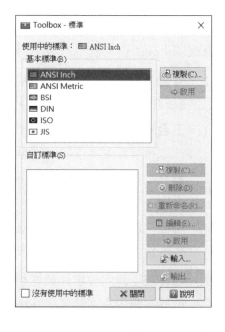

17.4 | Toolbox設定

使用**Toolbox-設定**對話方塊可以設定Toolbox的基本功能，這些設定會儲存在設定檔中，在Toolbox-設定對話方塊中，內含下列項目：

17.4.1 註記

註記用來設定工程圖的鑽孔標註、零件號球、表面加工符號、熔接符號以及中心線控制。

鑽孔標註：設定您新增至工程圖鑽孔中的符號或傳統標註之詳細資料。

在ISO標準下，使用Toolbox鑽孔下的**標註** 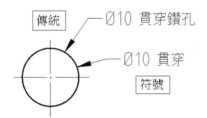，**符號**與**傳統**設定的標註如下：

零件號球：設定零件號球的顯示樣式，用來插入至工程圖以確認要在零件表中列出的零件。

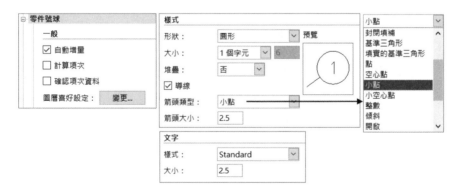

在ISO標準下，使用Toolbox零件號球下的**插入** 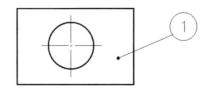，零件號球的標註如下：

表面加工符號：設定表面加工符號的顯示樣式與文字設定，並用在工程圖中插入表面加工符號。

在 ISO 標準下，使用 Toolbox **符號**下的**表面加工符號** ☑️，表面加工符號的標註如下，因系統的標準並不符合 CNS 標準使用，因此不建議使用。

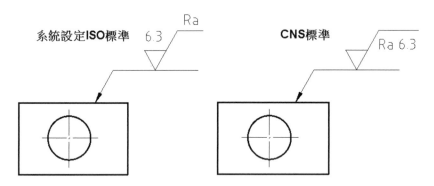

熔接符號：設定熔接符號的顯示樣式與文字設定，並用在工程圖中插入熔接符號。

在 ISO 標準下，使用 Toolbox **符號**下的**熔接符號** ▷，熔接符號的標註如下：

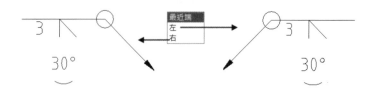

17.4.2　五金器具

使用 **Toolbox-** 設定對話方塊的**五金器具**類別，指定您新增至 DraftSight 工程圖的螺栓與螺釘、螺帽、銷和墊圈的設定。

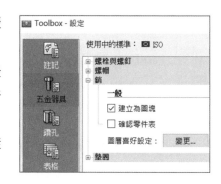

- **建立為圖塊**：在工程圖中建立比例 1:1 圖塊的硬體零組件。
- **確認零件表**：在按下**確定**時，系統開啟確認零件表資料對話方塊，使用此對話方塊來確認或修改零件描述，並指定一個零件編號。
- **圖層偏好設定**：修改預設圖層、線條色彩、線條樣式及五金器具零組件的線寬設定。

17.4.3　鑽孔

使用 **Toolbox- 設定**對話方塊的鑽孔類別，指定類別來存取和設定由 Toolbox 提供的選項並將之插入工程圖中。

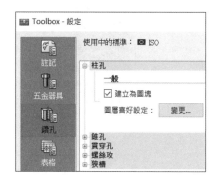

- **建立為圖塊**：在工程圖中建立鑽孔圖塊，顯示比例為 1:1。
- **圖層偏好設定**：修改預設圖層、線條色彩、線條樣式及鑽孔的線寬設定。

17.4.4　表格

使用 **Toolbox- 設定**對話方塊的表格類別，指定表格類別來調整**修訂**、**鑽孔**和**零件表**的選項設定。

- **頁首方向**：指定表格標頭顯示在表格的上方或下方。
- **固定錨點**：表格固定錨點的位置，包括：左上、右上、左下、右下。

17.4.5 圖層

在 **Toolbox-** 設定對話方塊的**圖層**標籤中，管理預先定義的圖層，以及將預先定義的圖層對應至基本圖元類型或 Toolbox 零件、符號及表格。

◆ 新增圖層

當您勾選**啟用預先定義的圖層**時，並在 **DraftSight 圖元**或 **Toolbox 圖元**標籤內指定圖元的圖層後，這在您產生圖元或插入項目時，會套用**圖層**定義。

按**圖層**標籤，在清單中選擇圖層名稱，然後設定圖層的線條色彩、線條樣式及線寬；或按**新增**在清單中產生新圖層，並編輯名稱；按**刪除**可移除圖層。

TB_Revision ...	◎ 青色	連續實體線	— 預設
TB_Section	◎ 青色	連續實體線	— 預設
中心線	◎ 黃色	Center ____ _ ____ ...	預設
剖面線	◎ 青色	連續實體線	— 預設
尺寸	◎ 綠色	連續實體線	— 預設

◆ 套用 DraftSight 圖元的圖層

按 **DraftSight 圖元**標籤，以將預先定義的圖層套用至基本圖元類型：

STEP 1 選擇圖元類型。

STEP 2 按圖層名稱欄中的 <啟用>，選擇前面定義好的圖層，例如：中心線。

STEP 3 在線條色彩、線條樣式及線寬中，指定要套用至圖元的屬性。

一般而言，這些屬性建議指定依圖層，使用圖層標籤指定個別圖層的線條色彩、線條樣式及線寬屬性。

圖元類型 ▲	圖層名稱	線條色彩	線條樣式	線寬
3D 實體	<啟用>	● ByLayer	ByLayer Solid line	— ByLayer
3D 面	<啟用>	● ByLayer	ByLayer Solid line	— ByLayer
不規則曲線	<啟用>	● ByLayer	ByLayer Solid line	— ByLayer
中心符號線	<啟用>	● ByLayer	ByLayer Solid line	— ByLayer
中心線	中心線	○ ByLayer	ByLayer Center ___...	— ByLayer
內嵌物件	<啟用>	● ByLayer	ByLayer Solid line	— ByLayer
公差	<啟用>	● ByLayer	ByLayer Solid line	— ByLayer
剖面線	剖面線	● ByLayer	ByLayer Solid line	— ByLayer

DraftSight 圖元　　Toolbox 圖元　　圖層

按 **Toolbox圖元**標籤，將預先定義的圖層（TB_##）對應至特定零件、符號或表格：

STEP 1　選擇圖元類型。

STEP 2　按零件前方的 + 展開零件的清單項目，選擇 "<active>"，將零件幾何中的顯示線、隱藏線及中心線指定至個別圖層，繪製的指定類型圖元即套用在特定圖層上。

使用中的標準：　■ ISO
☑ 啟用預先定義的圖層
DraftSight 圖元　　Toolbox 圖元　　圖層

	圖元類型	圖層名稱	線條色彩	線條樣式	
	鑽孔標註	<Active>	○ ByLayer	ByLayer Solid line	— E
	表面加工...	TB_Dime...	● ByLayer	ByLayer Solid line	— E
	熔接符號	TB_Dime...	● ByLayer	ByLayer Solid line	— E
-	螺栓與螺釘	<Active>	● ByLayer	ByLayer Solid line	— E
	顯示線	<Active>	○ ByLayer	ByLayer Solid line	— E
	隱藏線	TB_Hidden	● ByLayer	ByLayer Hidden ...	— E
	中心線	TB_Center	○ ByLayer	ByLayer Center _...	— E
+	螺帽	<Active>	○ ByLayer	ByLayer Solid line	— E
+	銷	<Active>	○ ByLayer	ByLayer Solid line	— E
+	墊圈	<Active>	○ ByLayer	ByLayer Solid line	— E

◆ **繪製圖元類型**

如下圖，依指令繪製如圖的圖元。

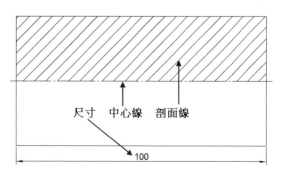

尺寸　中心線　剖面線

100

繪製完成後，系統會將 Toolbox 內的圖層移至**圖層管理員**中，並可變更線條色彩、線條樣式及線寬屬性，但有時列印樣式為已命名（.stb）（列印樣式為 Normal），並非 Chap16 所說明的**色彩相關（.ctb）**列印樣式表格（列印樣式為 Color_#）。

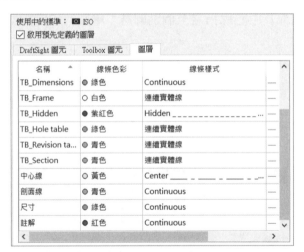

◆ 圖層注意事項

1. 當您在 **Toolbox-設定**對話方塊中所新增的圖層，以及在 **DraftSight 圖元**標籤套用的基本圖元，皆會被儲存在系統中，只要開啟新檔，即會載入。

2. 在圖層標籤中的線條樣式只能載入系統預設的線條，無法變更為自訂線條樣式，但可以在繪製圖元後，從**圖層管理員**中變更。

3. 在 Chap16 所說明的列印皆使用**色彩相關（.ctb）**列印樣式表格，才能順利變更色彩為黑色以及不同的線條寬度，若是套用至**已命名（.stb）**的列印樣式表格，則不在本書的說明範圍。

狀態	名稱 ▲	顯示	已凍結	鎖定	線條色彩	線條樣式	線寬	透明	列印樣式	列印
⇨	0	●	●	🔒	○ 白色	連續 Solid line	── 預設	0	Color_7	🖶
☞	Defpoints	●	●	🔒	○ 白色	連續 Solid line	── 預設	0	Color_7	⊘
☞	中心線	●	●	🔒	○ 黃色	center15 中心線	── 預設	0	Color_2	🖶
☞	尺寸	●	●	🔒	● 綠色	連續 Solid line	── 預設	0	Color_3	🖶
☞	剖面線	●	●	🔒	● 青色	連續 Solid line	── 預設	0	Color_4	🖶
☞	註解	●	●	🔒	● 紅色	連續 Solid line	── 預設	0	Color_1	🖶

圖層管理員 — 新增(N) 新增 VP凍結 刪除(D) 啟動(A) — 使用中的圖層:0。定義的圖層總數:6。顯示的圖層總數:6。 濾器表達式...

17.5 | Toolbox 鑽孔

　　使用Toolbox的鑽孔時,您可以將鑽孔的2D圖形以國家標準或您自訂的標準為根據,加入至工程圖中,鑽孔的類型有:柱孔、錐孔、貫穿孔、螺絲攻與凹槽。

　　您也可以編輯新增的鑽孔、新增標註至鑽孔,以及新增與編輯包含鑽孔詳細資訊的表格。

　　Toolbox的鑽孔選項有:插入鑽孔、編輯鑽孔、建立表格、表格編輯與標註等。

STEP 1　開啟練習圖檔17toolbox.dwg,工程圖中內含2個零件圖及1個組合件圖。

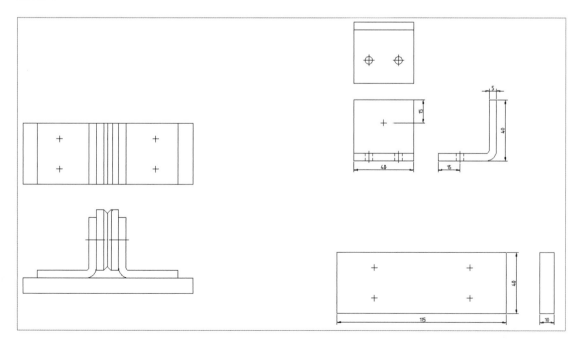

STEP 2 建立**近側**鑽孔，按**鑽孔→插入**，設定如下圖，按**確定**。

STEP 3 在前視圖點選Ø10的中心點，再指定旋轉方向，完成後使用**標註** ⟨⟩，標註鑽孔直徑。

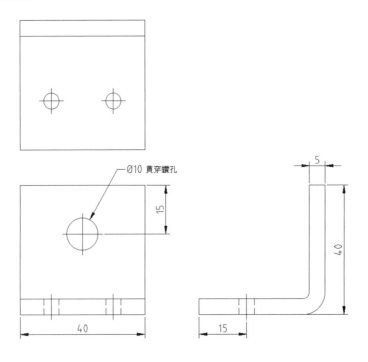

STEP 4 建立**隱藏**鑽孔，按**鑽孔→插入**，設定如下圖，按**確定**。

STEP 5 以圖元追蹤方式，追蹤Ø10的中心點，在上視圖及右視圖建立隱藏貫穿孔。

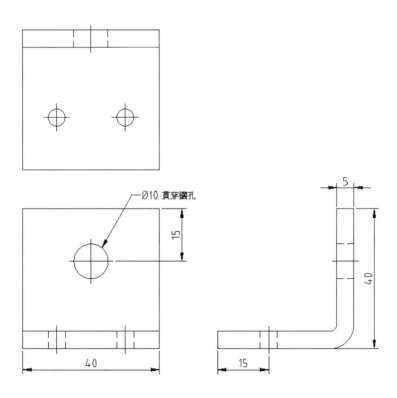

STEP **6** 建立螺紋孔，設定如下圖，按**確定**，建立如圖所示的近側及隱藏螺紋孔。

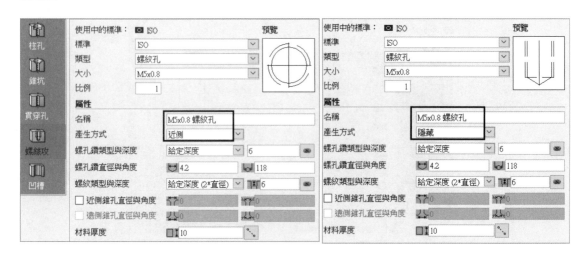

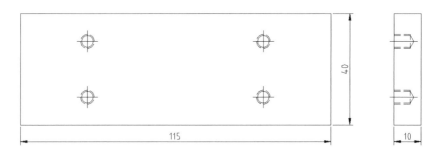

17.6 Toolbox 五金器具

　　Toolbox-五金器具對話方塊內含標準的基礎硬體零組件，包括螺栓和螺釘、螺帽、銷、墊圈等，針對每個零組件組合，您可以從對話方塊中設定：

- **標準**：建擇標準的零組件類型，例如六角螺栓或六角螺釘，Toolbox 會顯示零組件的預覽、大小、比例等。

- **五金器具助理**：可將螺栓、螺釘與工程圖中的現有鑽孔相結合，但不適用於螺帽、銷和墊圈。

- **屬性**：用以檢視和修改零組件名稱、選擇五金器具零組件在工程圖中產生的方法、檢視及變更零組件的 2D 幾何值。

STEP **7** 按**五金器具→插入**，選擇**螺栓與螺釘**，設定如下圖，按**確定**，建立如組合圖
所示的**近側**及**隱藏**的六角承窩頭螺釘。

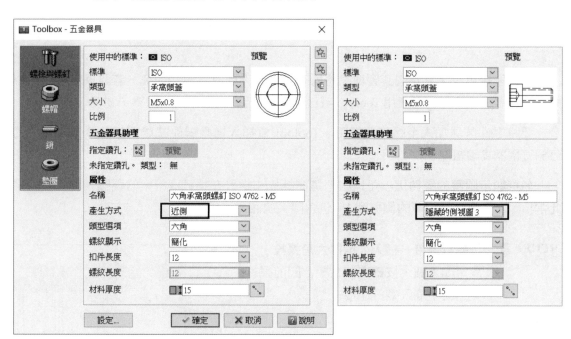

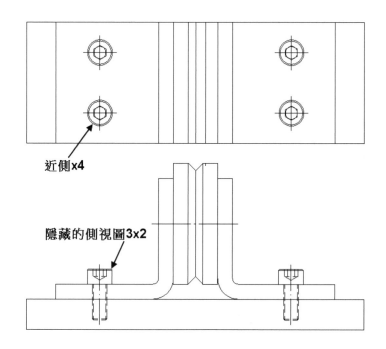

近側x4

隱藏的側視圖3x2

17.7 | Toolbox螺釘連接

在**Toolbox-螺釘連接**對話方塊中，可協助您設定螺栓、螺釘、螺帽及墊圈的結合關係。

螺釘連接可以建立為嵌套圖塊，將所有子零組件建立為單一圖塊，若要爆炸嵌套的螺釘連接，零組件將保留可使用Toolbox-五金器具對話方塊插入的相同單一圖塊。

要將零件號球加入至螺釘連接時，Toolbox會插入堆疊零件號球，其會參考圖塊中的每個五金器具零組件。

勾選**顯示隱藏的零件**選項可以讓您選擇螺栓和螺釘在螺釘連接中的視圖表現，若啟用此選項，產生方法是隱藏的側視圖3，包含隱藏線和中心線。

STEP **8** 按**螺釘連接→插入**，選擇**六角螺栓**，設定如下圖，按**確定**，在組合圖前視與上視中插入螺釘連接。

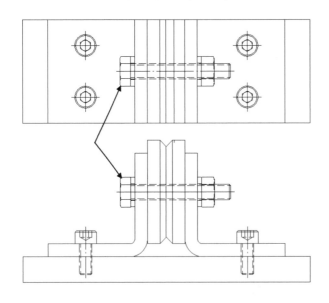
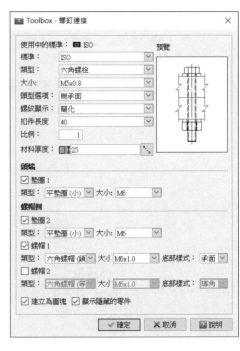

17.8 | Toolbox鑽孔表格

在Toolbox中，使用**鑽孔→建立表格**指令，可以產生鑽孔表格：首先指令要求您指定表格計算尺寸的起始原點，第二步要求您選擇Toolbox所建立的**近側**鑽孔或螺紋孔，按Enter後，再指定表格固定錨點，放置表格在工程圖中，預設為表格的左上角點位置。

在產生鑽孔表格前，您可以從**Toolbox-設定**對話方塊中設定**顯示、文字、雜項**與**描述**等，以控制鑽孔表格在工程圖的顯示狀態。

STEP **9** 按**鑽孔→建立表格** ，首先選擇左下角為原點，再依序選擇4個螺紋孔，按Enter後指定表格的左上角點位置，如下圖。

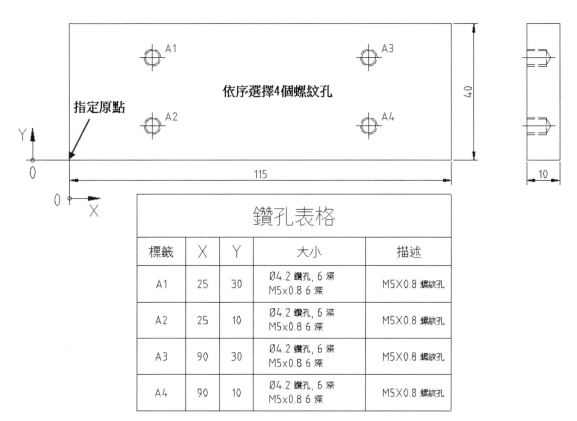

標籤	X	Y	大小	描述
A1	25	30	Ø4.2 鑽孔, 6 深 M5x0.8 6 深	M5X0.8 螺紋孔
A2	25	10	Ø4.2 鑽孔, 6 深 M5x0.8 6 深	M5X0.8 螺紋孔
A3	90	30	Ø4.2 鑽孔, 6 深 M5x0.8 6 深	M5X0.8 螺紋孔
A4	90	10	Ø4.2 鑽孔, 6 深 M5x0.8 6 深	M5X0.8 螺紋孔

17.9 Toolbox零件號球

在產生零件號球前，您可以從**Toolbox-設定→註記→零件號球**對話方塊中定義零件號球**顯示樣式、導線**與**文字**選項等，以控制零件號球在工程圖的顯示狀態。

插入零件號球的步驟會依您的零件號球設定而有所差異，插入時，**Toolbox-編輯零件號球**對話方塊便會出現，並顯示品項以及數量預設，讓您可以進行修改，若是選擇五金器具，則插入零件號球時，不會出現**Toolbox-編輯零件號球**對話方塊。

當您使用**編輯**指令時，系統會出現**Toolbox-編輯零件號球**對話方塊以供編輯。

STEP 10 按**零件號球→加入**，a.選擇零件圖元邊線，b.點選零件內部位置，c.指定零件號球在圖面位置，d.輸入數量按Enter，e.在彈出的**編輯零件號球**對話方塊中輸入**品項、零件號碼**與**描述**，按**確定**。

STEP **11** 完成如圖所示的零件號球，其中件號4-7為五金器具，不需輸入零件號碼與描述，而件號5-7為單一圖塊的螺紋連接五金器具，所產生的零件號球會自動堆疊。

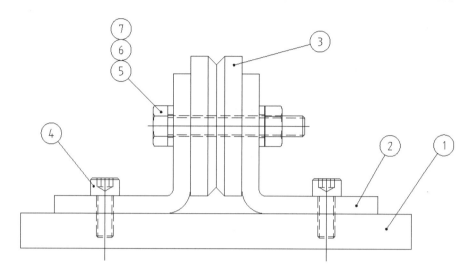

STEP **12** 因為件號4-7在組合件中插入的次數與實際數量不同，按**編輯** 指令，從**Toolbox-編輯零件號球**對話方塊中變更數量為4,1,1,2。

17.10 | Toolbox零件表

Toolbox可讓您在已建立零件號球關聯的工程圖中，使用零件號球來建立工程圖的零件表（BOM），零件表會顯示工程圖與零件號球的圖元資料。

在產生零件表前，您可以從**Toolbox-設定**對話方塊中設定**頁首**、**錨點**與**文字大小**等，以控制零件表在工程圖的顯示狀態。

產生零件表順序如下：

1. 將零件號球附加至Toolbox五金器具和鑽孔，或是工程圖中任何其他圖元。

2. 個別附加零件號球到您要包含在零件表中的每個零件，或產生一個單一的堆疊式零件號球來參考為零件表所選的所有零件。

3. 從您已插入零件號球的工程圖中，按**零件表→插入** ，指定頁首角點產生一個零件表。

使用**編輯**🖼️指令編輯零件表時,可以:

1. 重新產生零件表以進行文字樣式變更,並在您加入或移除零件號球時更新資料。

2. 編輯零件表列以修改零件號球資料。

3. 刪除零件表。

STEP 13 按零件表→插入🖼️,指定頁首角點後,系統自動產生零件表,零件號碼、描述與數量如前面插入零件號球時輸入相同。

<table>
<tr><td colspan="5" align="center">零件表</td></tr>
<tr><td>品項</td><td>零件號碼</td><td>描述</td><td>數量</td></tr>
<tr><td>1</td><td>PT-01</td><td>MOUNTING PLATE</td><td>1</td></tr>
<tr><td>2</td><td>PT-02</td><td>BRACKET</td><td>2</td></tr>
<tr><td>3</td><td>PT-03</td><td>PULLEY</td><td>1</td></tr>
<tr><td>4</td><td></td><td>六角承窩頭螺釘 ISO 4762 – M5</td><td>4</td></tr>
<tr><td>5</td><td></td><td>六角頭螺栓 ISO 4016 – M6</td><td>1</td></tr>
<tr><td>6</td><td></td><td>六角螺帽 ISO 4035 – M6 x1.0</td><td>1</td></tr>
<tr><td>7</td><td></td><td>墊圈 ISO 4759/3 – M6</td><td>2</td></tr>
</table>

17.11 Toolbox圖框

當您在「模型」或「圖頁」模式中設計工程圖時,您可以先在**Toolbox-標準**對話方塊中指定或變更使用中的標準,再把「框架」和「標題圖塊」新增到工程圖內。

DraftSight對每一個工程標準都有提供一組預先定義好的框架和標題圖塊檔案,並安裝於下列資料夾中:

- **框架**:..\Program Files\Dassault Systemes\DraftSight\Default Files\Drawing Components\Frames

- **標題圖塊**:..\Program Files\Dassault Systemes\DraftSight\Default Files\Drawing Components\Title Blocks

如有必要,您可以新增並自訂符合公司需求,具有標題圖塊的工程圖**框架**,利用框架中的**插入**與**編輯**指令處理框架和標題圖塊。

- **插入**:在指定的矩形面積中新增含有標題圖塊的框架。

- **編輯**:讓您指定另一個框架和標題圖塊,或重新縮放現有框架和標題圖塊。

STEP 14 為使後面插入的框架（圖框與標題欄）能完全包含所有圖元，移動圖元至適當位置，保留右下角部份空白。

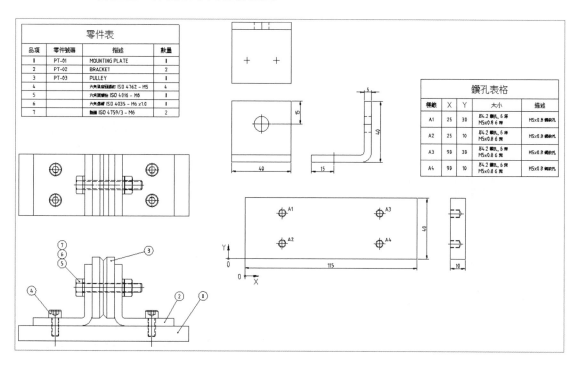

STEP 15 按框架→插入 ⊙，在**編輯圖塊屬性值**對話方塊中輸入適當的值，按**確定**。

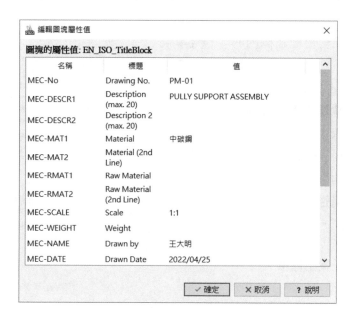

STEP 16 指定框架左下角點放置的位置，結果如下圖。

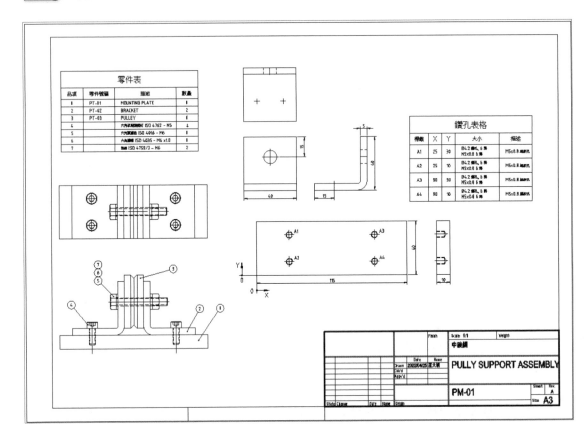

STEP 17 若您要變更標題欄內的內容，可以按**框架→編輯** 🖱️，選擇標題欄，再從**編輯圖塊屬性值**對話方塊中編修。或者您也可以直接在標題欄上快按兩下，從系統出現**進階屬性編輯**對話方塊中編修。

STEP 18 儲存並關閉檔案。

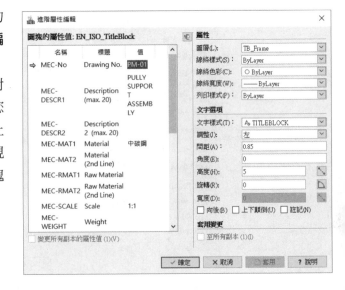